高职化工类
模块化系列教材

有机化工生产技术与装置操作

李萍萍　主　编
刘　霞　张盼盼　副主编

化学工业出版社
·北京·

内 容 简 介

《有机化工生产技术与装置操作》以模块化教学的形式进行编写，介绍了乙烯、乙酸、环氧乙烷、甲醇、苯胺和对二甲苯等典型有机化工产品的生产过程、设备选用要求、工艺流程技术评价、生产操作规程等内容。书稿内容与专业教学标准要求基本一致。全书详略得当，内容实操性强，并附有二维码数字资源和阅读延伸材料，能激发学生的学习热情。

本书可作为高等职业教育化工技术类专业教学用书。

图书在版编目（CIP）数据

有机化工生产技术与装置操作/李萍萍主编；刘霞，张盼盼副主编．—北京：化学工业出版社，2022.6
ISBN 978-7-122-41080-1

Ⅰ.①有…　Ⅱ.①李…　②刘…　③张…　Ⅲ.①有机化工-化工产品-生产工艺-高等职业教育-教材②有机化工-化工设备-操作-高等职业教育-教材　Ⅳ.①TQ2

中国版本图书馆 CIP 数据核字（2022）第 051635 号

责任编辑：王海燕　提　岩　　加工编辑：崔婷婷　陈小滔
责任校对：赵懿桐　　装帧设计：王晓宇

出版发行：化学工业出版社（北京市东城区青年湖南街 13 号　邮政编码 100011）
印　　装：北京天宇星印刷厂
787mm×1092mm　1/16　印张 15¼　字数 355 千字　2022 年 7 月北京第 1 版第 1 次印刷

购书咨询：010-64518888　　售后服务：010-64518899
网　　址：http://www.cip.com.cn
凡购买本书，如有缺损质量问题，本社销售中心负责调换。

定　　价：48.00 元

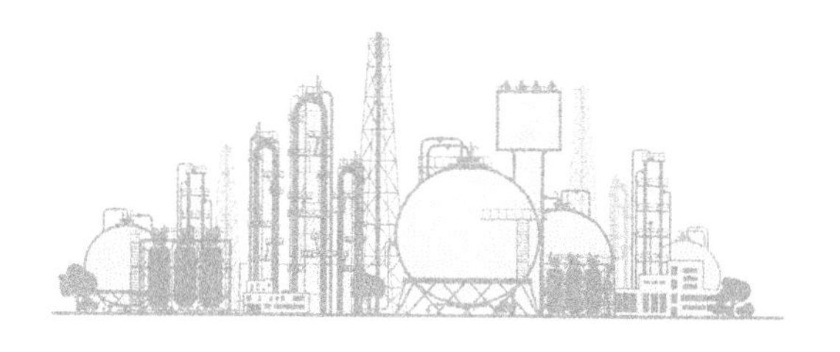

高职化工类模块化系列教材

编 审 委 员 会 名 单

序

目前，我国高等职业教育已进入高质量发展时期，《国家职业教育改革实施方案》明确提出了“三教”（教师、教材、教法）改革的任务。三者之间，教师是根本，教材是基础，教法是途径。东营职业学院石油化工技术专业群在实施“双高计划”建设过程中，结合“三教”改革进行了一系列思考与实践，具体包括以下几方面：

1. 进行模块化课程体系改造

坚持立德树人，基于国家专业教学标准和职业标准，围绕提升教学质量和师资综合能力，以学生综合职业能力提升、职业岗位胜任力培养为前提，持续提高学生可持续发展和全面发展能力。将德国化工工艺员职业标准进行本土化落地，根据职业岗位工作过程的特征和要求整合课程要素，专业群公共课程与专业课程相融合，系统设计课程内容和编排知识点与技能点的组合方式，形成职业通识教育课程、职业岗位基础课程、职业岗位课程、职业技能等级证书（1＋X证书）课程、职业素质与拓展课程、职业岗位实习课程等融理论教学与实践教学于一体的模块化课程体系。

2. 开发模块化系列教材

结合企业岗位工作过程，在教材内容上突出应用性与实践性，围绕职业能力要求重构知识点与技能点，关注技术发展带来的学习内容和学习方式的变化；结合国家职业教育专业教学资源库建设，不断完善教材形态，对经典的纸质教材进行数字化教学资源配套，形成“纸质教材＋数字化资源”的新形态一体化教材体系；开展以在线开放课程为代表的数字课程建设，不断满足“互联网＋职业教育”的新需求。

3. 实施理实一体化教学

组建结构化课程教学师资团队，把“学以致用”作为课堂教学的起点，以理实一体化实训场所为主，广泛采用案例教学、现场教学、项目教学、讨论式教学等行动导向教学法。教师通过知识传授和技能培养，在真实或仿真的环境中进行教学，引导学生将有用的知识和技能通过反复学习、模仿、练习、实践，实现“做中学、学中做、边做边学、边学边做”，使学生将最新、最能满足企业需要的知识、能力和素养吸收、固化成为自己的学习所得，内化于心、外化于行。

本次高职化工类模块化系列教材的开发，由职教专家、企业一线技术人员、专业教师联合组建系列教材编委会，进而确定每本教材的编写工作组，实施主编负责制，结合化工行业企业工作岗位的职责与操作规范要求，重新梳理知识点与技能点，把职业岗位工作过程与教学内容相结合，进行模块化设计，将课程内容按知识、能力和素质，编排为合理的课程模块。

本套系列教材的编写特点在于以学生职业能力发展为主线，系统规划了不同阶段化工类专业培养对学生的知识与技能、过程与方法、情感态度与价值观等方面的要求，体现了专业教学内容与岗位资格相适应、教学要求与学习兴趣培养相结合，基于实训教学条件建设将理论教学与实践操作真正融合。教材体现了学思结合、知行合一、因材施教，授课教师在完成基本教学要求的情况下，也可结合实际情况增加授课内容的深度和广度。

本套系列教材的内容，适合高职学生的认知特点和个性发展，可满足高职化工类专业学生不同学段的教学需要。

高职化工类模块化系列教材编委会

2021 年 1 月

前言

《有机化工生产技术与装置操作》从最新高等职业教育化工技术类专业人才培养目标出发，以培养学生的职业岗位能力为重点，突出职业性、实践性、开放性的原则，结合生产企业的实际设置内容，利用虚拟仿真软件进行操作训练，具有较强的应用性与实践性。

教材结合有机化工企业岗位工作要求，围绕职业能力要求重构知识点与技能点，使学生在了解有机化工生产技术基本知识的基础上，重点培养装置操作应具备的知识、能力、素质。关注技术发展带来的学习内容与方式的变化，以真实生产项目、典型工作任务为载体组织教学单元。以理实一体化实训场所为主，广泛采用案例教学、项目教学、讨论式教学等行动导向教学法，有机融入安全生产、绿色化工、工匠精神等理念，引导学生将有用的信息和技能通过反复模仿、练习、实践，实现“做中学、学中做、边做边学、边学边做”，从而将最新的、最能满足有机化工操作岗位需要的知识、能力和素养吸收、固化成为自己的学习所得，内化于心、外化于行。

本书共分为七个模块。模块一为有机化工生产认知，重点介绍有机化工生产过程的原料和产品、有机化工生产的过程、有机化工生产过程评价等基本内容，让学生对有机化工生产过程有一个全面的了解。模块二至模块七，分别阐述了乙烯、乙酸、环氧乙烷、甲醇、苯胺、对二甲苯的生产。每个模块包含产品认知、生产方法的选择、工艺流程的组织、工艺条件的确定、反应岗位操作和分离岗位操作六个任务。每个任务按照任务描述、任务目标、任务实施、巩固练习几个子任务展开。

本书的模块一由东营职业学院李萍萍编写，模块二、模块四由东营职业学院张盼盼编写，模块三、模块六由东营职业学院刘霞编写，模块五由东营职业学院刘鹏鹏编写，模块七由东营职业学院张颖编写。全书由李萍萍和刘霞统稿，由东营职业学院孙士铸主审。

由于编者水平有限，在编写过程中对内容的把握还存在不足，不妥之处敬请批评指正。

编者

2021年10月

目录

模块四

环氧乙烷的生产　/095

二维码数字资源一览表

模块一

有机化工生产认知

本模块是关于有机化工生产的基础知识，通过查阅资料等方式，了解有机化工生产过程的原料和产品，掌握有机化工生产过程的基本概念，了解有机化工工艺流程的组织和生产过程的评价方法。通过小组合作，能够根据有机化工生产过程的原料、产品和过程特点，为有机化工工艺过程选择原料预处理的方法、分析反应过程的影响因素、选择后处理方案等，为后续有机化工产品生产的学习打下良好的基础。

任务一 有机化工原料、产品及生产现状认知

任务描述

近50年来，有机化学工业得到了迅速发展，已成为化学工业的重要组成部分。请你通过查阅期刊、书籍和网络资源，了解有机化工的原料和产品，了解有机化学工业的发展现状。

任务目标

素质目标

逐步养成理论联系实际的思维方式。

知识目标

① 了解化学工业的分类；

② 了解有机化工原料及有机化工产品；

③ 了解有机化工的发展情况。

能力目标

会利用工具查找相关资料，并进行分析与总结。

有机化工产品用途非常广泛，这些产品与工业、农业、建筑业、交通运输业等的发展，以及国防、文教、卫生和人民生活都有着密切的关系。

活动一　有机化工原料及产品认知

以小组为单位，观察周围常用的生活用品，指出哪些是有机化工产品。并通过查阅资料，完成表 1-1。

表 1-1　常用的有机化工产品

常用的生活用品名称	有机化工产品名称	原料	原料来源
举例:PE 保鲜膜	聚乙烯	乙烯	石油

一、化学工业及有机化学工业

有机化学工业是化学工业的重要组成部分，在了解有机化学工业之前，首先来了解化学工业。

1. 化学工业的概念

化学工业泛指生产过程中化学及化学工程方法占主要地位，生产交通运输燃料、化工材料及化学品的过程工业。化学工业是包含多种门类的工业，包括基本化学工业和塑料（合成树脂）、合成纤维、合成橡胶、石油、药剂、染料工业等。

2. 化学工业的特点

① 生产技术具有多样性、复杂性和综合性。化工产品品种繁多，每一种产品的生产不仅需要一种或几种特定的技术，而且原料来源多种多样，工艺流程也各不相同。即使是生产同一种化工产品，也有多种原料来源和多种工艺流程。由于化工生产技术的多样性和复杂性，一个大型化工企业的正常生产运行，需要多种技术的综合运用。

② 具有综合利用原料的特性。化学工业的生产是化学反应，在大量生产一种产品的同时，往往会生产出许多副产品，而这些副产品大部分又是化学工业的重要原料，可以再加工和深加工。

③ 生产过程要求有严格的比例性和连续性。一般化工产品的生产，对各种物料都有一定的比例要求，在生产过程中，上下工序之间，各车间、各工段之间，往往需要有严格的比例，否则，不仅会影响产量，造成浪费，甚至还可能中断生产。化工生产主要是装置性生产，从原材料到产品加工的各环节，都是通过管道输送，采取自动控制进行调节，形成一个首尾连贯、各环节紧密衔接的生产系统。这样的生产装置，客观上要求生产长周期运转，连续进行，任何一个环节发生故障，都有可能使生产过程中断。

④ 化工生产还具有耗能高的特性。煤炭、石油、天然气既是化工生产的燃料动力，又是重要的原料。此外，有些化工产品的生产，需要在高温或低温条件下进行，无论高温还是低温都需要消耗大量能源。

3. 化学工业的分类

按原料的来源和加工特点来分类，化学工业可分为石油化工、煤化工、天然气化工等。按产品的元素构成大体可分为无机物化学工业和有机物化学工业，简称无机化工和有机化工。有机化学工业是利用有机合成方法生产有机化工产品的工业，是化学工业的重要组成部分。有机化学工业产品的产量与种类繁多，通常按产品在日常生活及工业生产中起的作用分为基本有机化学工业、精细有机化学工业和高分子化学工业。

M1-1 认识有机化工

基本有机化学工业是利用自然界存在的石油、天然气、煤及生物质等资源，通过各种生产技术，制造出一系列重要的化工产品，如乙烯、丙烯、丁二烯、苯、甲苯、二甲苯、乙炔、甲醇、乙酸等及其衍生物、卤代物、环氧化合物及有机含氮化合物等。这些产品可以独立使用，也可以作为精细有机化学工业、高分子化学工业的原料生产其他高附加值产品。例如高分子合成材料（合成树脂、合成纤维和合成橡胶等）、表面活性剂、染料、医药、农药及食品添加剂等多种产品。因此，基本有机化学工业就是生产有机化工原料和重要大宗有机化学品的基础性化学工业。

精细有机化学工业是指利用基本有机化学工业产品作为原料，经深度精细加工生产具有功能性和最终使用性的有机化合物产品的工业。精细有机化学工业包括表面活性剂、水质稳定剂、专用助剂、添加剂、黏合剂、合成药物、染料、香料、农药等行业。精细有机化学工业产品的结构复杂、品种繁多，但生产规模不大，相对于基本有机化学工业产品而言，生产过程步骤多，对产品纯度和质量的要求高。

高分子化学工业是指利用基本有机化学工业产品经过进一步化学加工生产分子量很大的有机聚合物的工业。高分子化学工业的主要产品为三大合成材料，即合成树脂及塑料、合成橡胶和合成纤维。

二、有机化工的原料和产品

1. 有机化工的原料来源

煤、天然气、石油为有机化工的三大原料来源。

（1）煤及其利用　煤炭是古代植物埋藏在地下经历了复杂的生物化学和物理化学变化逐

渐形成的固体可燃性矿物。煤的结构很复杂，是以芳烃结构为主，具有烷基侧链和含氧、含氮、含硫基团的高分子混合物。以煤为原料，经过焦化、液化、气化可生产合成气、城市煤气、工业用原料气、液体烃、焦炉气、煤焦油等产品，进一步加工转化为农药、塑料、蛋白饲料、液体燃料等。

M1-2 有机化工原料的选择

① 煤的焦化。在隔绝空气的条件下加热煤，使其分解生成焦炭、煤焦油、粗苯和焦炉气。其中在煤焦油中可得到萘，在粗苯中可得到苯、甲苯、二甲苯等。

② 煤的气化。煤的气化是以煤或煤焦油为原料，以氧气、水蒸气等作为气化剂，在高温条件下通过化学反应把煤或煤焦油转化为含氢、一氧化碳等气体的过程。由氢和一氧化碳等气体组成的混合物称为合成气。合成气是一种重要的化工原料，除用于生产合成氨外，还可以生产有机化工产品，如甲醇等。

③ 煤的液化。煤的液化是指煤经过化学加工转化为液体燃料的过程。煤的液化分为直接液化和间接液化。煤的直接液化是采用加氢的方法，使煤转化为液态烃。液化产品也称为人造石油，可进一步加工成各种液体燃料。煤的间接液化是预先制成合成气，然后通过催化剂作用将合成气转化为烃类燃料和含氧化合物燃料。

(2) 天然气及其利用　天然气是天然蕴藏于地层中的烃类和非烃类气体的混合物，主要由甲烷（85%）、少量乙烷（9%）、丙烷（3%）、氮（2%）和丁烷（1%）组成。

根据天然气的组成可将天然气分为干气和湿气。干气的主要成分是甲烷，其次还有少量的乙烷、丙烷和丁烷及更重的烃，也会有 CO_2、N_2、H_2S 和 NH_3 等，对它稍加压缩不会有液体产生，故称为干气。湿气中除含有甲烷和乙烷等低碳烷烃外，还含有少量的轻汽油，对它稍加压缩就有称为凝析油的液态烃析出，故称为湿气。

干气是生产合成氨和甲醇的重要化工原料。湿气中的 C_2 以上烃类含量高，这些烃类都是热裂解制低级烯烃的优质原料。

(3) 石油及其利用　石油是一种比水稍轻，不溶于水，从地下深处开采出来的黄色乃至黑色的可燃性黏稠液体，常与天然气并存。它是由远古海洋或湖泊中的生物在地下经过漫长的地球化学演化而形成的复杂混合物。石油所含的基本元素是碳和氢，占比 97%～98%，同时还含有硫、氧、氮以及微量的氯、碘、砷、磷、镍、钒、铁、钾等元素，所含各种元素并不是以单质形式存在，而是以相互结合的各种碳氢（烃类）及非碳氢化合物（非烃类）的形式而存在。烃类主要是烷烃、环烷烃和芳香烃，一般不含烯烃。非烃类主要是含硫化合物、含氮化合物、含氧化合物及胶质和沥青质等。石油组成极其复杂，为此必须进行加工。由油田开采出来未经加工处理的石油称为原油。将原油加工成各种石油产品的过程称为石油炼制。

以石油为原料生产的有机化工产品称为石油化工产品，石油化工产品以炼油过程提供的原料油进一步化学加工获得。生产石油化工产品的第一步是对原料油和气（如石脑油、丙烷等）进行裂解，裂解反应是强烈的吸热反应，因此原料在管式炉（或蓄热炉）中经过 700～800℃甚至 1000℃以上的高温加热，所得裂解产物通常称为石油化工一级产品，通常为三烯（乙烯、丙烯、丁二烯）、三苯（苯、甲苯、二甲苯）、一炔（乙炔）和一萘（萘）。石油化工的一级产品再经过一系列加工则可得二级产品，如乙醇、丙酮、苯酚等二三十种重要有机化工原料。生产石油化工产品的第二步是以基本化工原料生产多种有机化工原料（约 200 种）及合成材料（合成树脂、合成纤维、合成橡胶）。

石油化工生产过程从石油自然资源出发，经过石油化工过程得到以碳氢化合物及其衍生物为主的基本有机化工原料，例如乙烯、丙烯、丁二烯、苯、甲苯、二甲苯、甲醇等。以这些基本有机化工原料为原料经过各种化学合成过程可以生产出种类繁多、品种各异、用途广泛的有机化工产品，例如以乙烯为原料进一步合成生产氯乙烯、环氧乙烷，以丙烯为原料生产丙烯腈等产品。

2. 有机化工产品

从石油、天然气、煤等自然资源出发，经过化学加工得到的以烃类及其衍生物为主的基本有机化工产品，例如乙烯、丙烯、丁二烯、苯、甲苯、二甲苯、甲醇、乙炔、萘等，它们是有机化工的基础原料，产量很大。这些基本有机化工产品经过各种化学合成过程可以生产出种类繁多、品种各异、用途广泛的有机化工产品，见图 1-1。

M1-3 认识有机化工产品

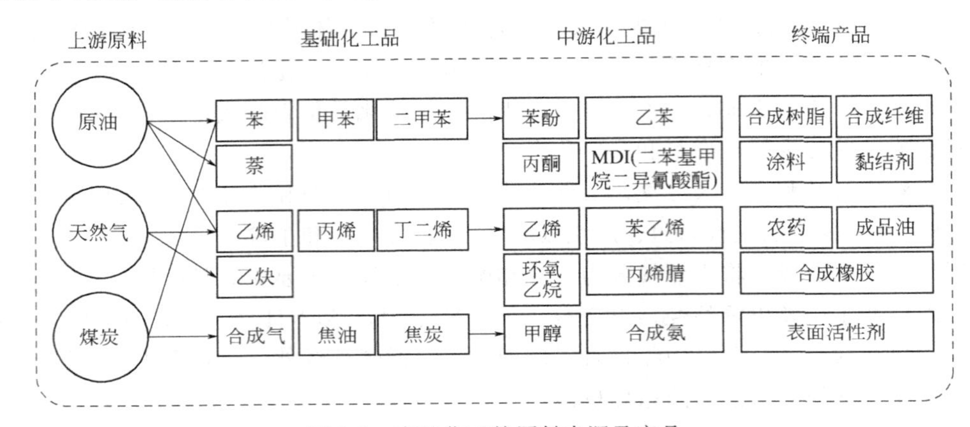

图 1-1 有机化工的原料来源及产品

活动二 有机化工生产现状分析

为适应国内外市场需求，现有一家企业拟建有机化工产品生产项目，如果你是企业的一名员工，请结合石化和化学工业“十四五”规划，为企业选择合适的生产项目，并对该产品项目的发展情况写一份综述报告。

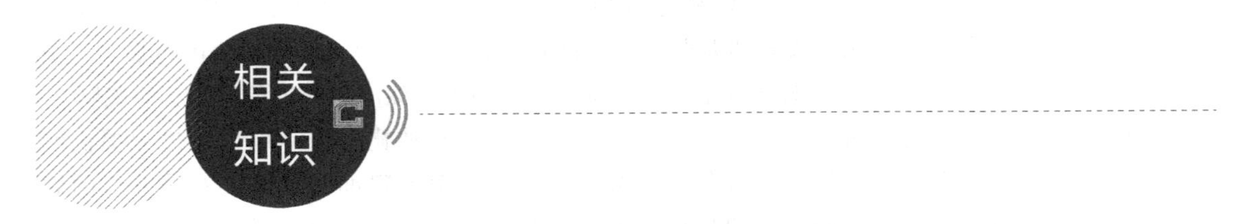

近年来，有机化学工业得到了迅速的发展，已成为化学工业的重要组成部分。各种基本有机化学工业产品支撑了整个有机化学工业的生产和发展，这些产品表明了一个国家的基本有机化学工业的发展水平和产业结构。

基本有机化学工业产品主要分为五大类。

（1）碳一系列产品　碳一系列产品包含甲烷系统产品和合成气系统产品两大类。合成气系统产品是指以合成气为原料的产品，合成气可以由天然气、煤和渣油等原料制得，并包含以甲醇和 CO 为原料的产品。甲烷系统产品包括乙炔、合成气、甲醛、HCN 等，进一步生产聚氯乙烯、医药、溶剂和炸药等。

（2）碳二系列产品　碳二系列产品中，最重要的产品是乙烯，其他产品如乙炔、乙酸及乙醇等也是典型的碳二产品。乙烯的用途非常广泛，由乙烯出发可以生产许多重要的基本有机化学工业产品，是高分子材料的重要单体，也是其他化工产品的重要原料。乙烯聚合生产聚乙烯，进一步生产塑料制品；乙烯氧化生产环氧乙烷和乙醛，进一步生产涤纶、炸药、农药、表面活性剂、颜料、香料、医药、塑料制品等。乙烯产品种类繁多，因此乙烯的生产能力常用来衡量一个国家基本化学工业的发展水平。

（3）碳三系列产品　碳三系列产品中，最重要的产品是丙烯，它是高分子材料的重要单体，其重要性仅次于乙烯。丙烯通过聚合生产聚丙烯，进一步生产合成纤维、合成树脂；通过氨氧化生产丙烯腈，进一步生产合成纤维、ABS 树脂、AS 树脂、丁腈橡胶、表面活性剂；通过次氯酸化，生产氯丙醇，进一步生产表面活性剂、聚酯塑料等；通过高温氯化生产氯丙烯，进一步生产医药、炸药等。

（4）碳四系列产品　从油田气、炼厂气和裂解气中可分离出 C_4 烃类。C_4 烃类中最重要的产品是丁二烯、正丁烯及异丁烯，其次是正丁烷。丁二烯可用于生产橡胶、塑料、香料、增塑剂、阻燃剂、聚酯原料等；异丁烯可以用来生产有机玻璃、橡胶、香料原料、溶剂、医药中间体、汽油添加剂、黏合剂、密封胶等；正丁烯可用来生产合成树脂、增强塑料、农药和溶剂等。

（5）芳烃系列产品　芳烃中以苯、甲苯、二甲苯最为重要，其次是萘。苯、甲苯、二甲苯可直接作为溶剂，也可进一步加工成其他有机化工产品。

1. 按产品在日常生活及工业生产中起的作用，化学工业可以分为哪几类？并分别说一说都包含哪些产品。结合当地实际生产情况，“十三五” 规划已建的和“十四五”规划即将建设的有机化工产品生产装置有哪些？

2. 有机化工的原料来源主要有哪些？查阅文献，说一说除了常规的几种原料来源，还有哪些原料来源有广阔的发展前景。

任务二 有机化工生产过程及工艺流程认知

任务描述

某企业计划生产有机化工产品，并希望最终产品精度可以达到99.8%，那么原料经过怎样的过程才能生产出合格的产品呢？查阅资料，了解有机化工生产过程的组成。

任务目标

素质目标

具有团队意识和协作精神。

知识目标

① 了解有机化工生产过程的基本概念；

② 了解有机化工工艺流程的组成、工艺流程中各部分的作用。

能力目标

① 能根据有机化工工艺过程中原料、产品以及生产过程的特点，为有机化工工艺过程选择方案；

② 能够选择预处理的方法，进行反应过程的影响因素分析，为有机化工工艺选择后处理方案。

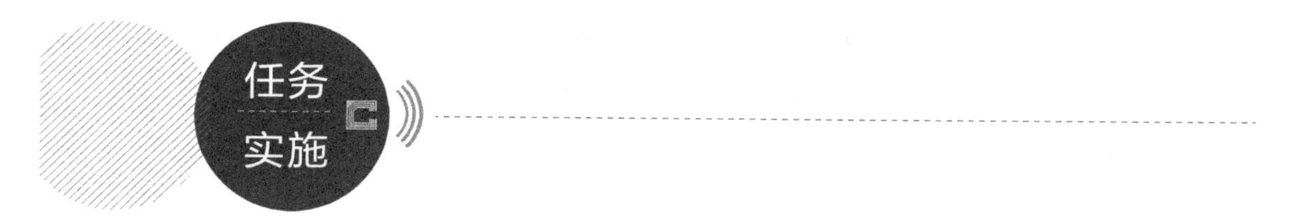

活动一　有机化工生产过程认知

以小组为单位，从乙烯、乙酸、环氧丙烷、甲醇、苯胺、对二甲苯这几种有机化工产品中选择一种，查阅资料，了解原料到产品所经历的原料预处理、化学反应、产品的分离与精制、三废处理等过程，并写一份综述报告。

从原料开始到制成目的产物，要经过一系列物理的和化学的加工处理步骤，这些处理步骤总称为有机化工生产过程。有机化工生产过程一般可概括为四个主要步骤：原料预处理、化学反应、产品分离精制和“三废”处理。

M1-4　有机化工生产过程组成

1. 原料预处理

原料预处理的主要目的是使初始原料达到反应所需要的状态和规格。例如固体需破碎、过筛；液体需加热或汽化；有些反应物要预先脱除杂质，或配制成一定的浓度。在多数生产过程中，原料预处理本身就很复杂，要用到许多物理的和化学的方法和技术，有些原料预处理成本占总生产成本的大部分。原料预处理的原则如下：

① 必须满足工艺要求；

② 简便可靠，工艺先进，节省投资；

③ 充分利用反应和分离过程的余热及能量；

④ 尽量不产生污染，不造成损失；

⑤ 尽量由原料生产厂家精制。

2. 化学反应

化学反应完成了由原料到产物的转变，是化工生产过程的核心。化学反应类型繁多，若按反应特性分，有氧化、还原、加氢、脱氧、歧化、异构化、烷基化、脱烷基化、分解、水解、水合、偶合、聚合、缩合、酯化、磺化、硝化、卤化、重氮化等众多反应；若按反应体系中物料的相态分，有均相反应和非均相反应；若根据是否使用催化剂来分，有催化反应和非催化反应。

实现化学反应过程的设备称为反应器。工业反应器的类型众多，不同反应过程，所用的反应器形式不同。反应器若按结构特点分，有管式反应器（装填催化剂，也可是空管），床式反应器（装填催化剂，有固定床、移动床、流化床及沸腾床等），釜式反应器和塔式反应器等；若按操作方式分，有间歇式、连续式和半连续式三种；若按换热状况分，有等温反应器、绝热反应器和变温反应器，换热方式有间接换热式和直接换热式。

3. 产品分离精制

产品分离精制的目的是获取符合规格的产品，并回收、利用副产物。在多数反应过程中，由于诸多原因，致使反应后产物是包括目的产物在内的许多物质的混合物，有时目的产物的浓度甚至很低，必须对反应后的混合物进行分离、提浓和精制才能得到符合规格的产品。同时要回收剩余反应物，以提高原料利用率。

分离和精制的方法和技术是多种多样的，通常有冷凝、吸收、吸附、冷冻、闪蒸、精馏、萃取、膜分离、结晶、过滤和干燥等，不同生产过程可以有针对性地采用相应的分离和精制方法。分离出来的副产物和“三废”也应加以利用或处理。

4. “三废”处理

化工生产过程中的“三废”处理包括废气、废水和废渣的处理等。

M1-5 化工三废的来源

(1) 废气的净化处理　许多化工产品的生产过程都会产生废气，其中二氧化硫、硫化氢、氨、一氧化碳、氯气、氮氧化合物等物质在大气中污染极大。工业上处理有害废气的方法主要有化学法、吸收控制法、吸附控制法以及稀释控制法等。例如，二氧化硫常采用石灰乳或是苛性钠与纯碱的混合物除去，氮氧化合物可采用碱溶液吸收除去；二氧化碳和氯化氢可用乙醇胺或水吸收。而碳氢化合物的蒸气，硫化氢、有害的臭气等可采用活性炭、活性氧化铝、硅胶等吸附剂将其吸附除去。

(2) 废水的净化处理　废水不经处理而直接排放，不仅污染环境，而且会造成水资源的浪费。因此，对化工生产废水进行处理，提高水的利用效率，具有十分重要的意义。不同的生产过程，其废水的性质和排放量也是不同的。废水成分复杂，尤以废水中含有的各种有机物和汞、镉、铬等重金属离子危害最大。废水的处理应根据排放废水的性质，采用不同的处理方法。常见的污水处理方法及相应去除污染物种类见表 1-2。

表 1-2　常见污水处理方法

类别	处理方法	主要去除污染物或作用
一级处理	筛滤截留法	粗粒悬浮物
	沉淀法	固体悬浮杂质
	中和	调整酸碱度
	油水分离	浮油、粗分散油
	浮上法或凝结	细分散油及微细的悬浮物
二级处理	活性污泥法	微生物及可降解的有机物
	生物膜法	微生物及可降解的有机物
	氧化沟	微生物及可降解的有机物
	氧化塘	微生物及可降解的有机物

续表

类别	处理方法	主要去除污染物或作用
三级处理	吸附法	嗅、味、细分散油、溶解油
	电渗析	盐类、重金属
	离子交换	盐类、重金属
	反渗透	盐类、有机物、细菌
	蒸发	盐类、有机物、细菌
	臭氧氧化	难降解有机物、溶解油

（3）废渣的净化处理　化工废渣主要指炉灰渣、报废的催化剂、活性炭及其他添加剂等。废渣不仅占用大量的土地，而且会对地表水、土壤和大气环境造成污染，必须净化处理。废渣的处理方法主要有化学法、生物法、焚烧法和填埋法。

知识拓展

有机化工生产与环保意识

有机化工工业是一种主要以自然资源为基础的生产行业，具有所需物料种类众多，生产周期长，产能大等显著特点，从原料的采集到成品的加工都存在不同程度的污染。因此，把清洁生产理念融入该行业领域，从原料处理到后期生产都积极做好污染防治，运用生产中使用到的化学原理和工程技术，对于减少和预防环境污染具有积极意义。目前企业中主要从以下三个方面实现有机化工兼顾生态的可持续发展。

1. 提高环保意识，建立环保理念

进一步提高有机化工企业的环保意识，树立社会责任感，通过各种渠道加强环保宣传，打破“先污染，后治理”的观念，促进石化企业从粗放型向集约型、治理污染型向清洁生产型的转变。遵守环保法律法规，落实环境保护目标责任，明确“谁主管、谁负责”的原则，将环境保护纳入考核指标；推行清洁生产，节能减排，降本增效，自上而下地深化“以人为本、环保优先、预防为主、综合治理”的理念。

2. 改进生产工艺，实现清洁生产

通过分析有机化工生产每一个环节的污染物及其引起生产效率低下的原因，有针对性地对现有生产设备进行技术改造和生产工艺的转型升级，并结合企业的生产现状及技术水平，认真分析应选择哪种生产工艺才能对企业产生最大化的环境效益。严格落实清洁生产“三同时”的要求，选择资源利用率高，低污染的工艺和设备，以帮助企业实现节能降耗的预期效果。

3. 建立全方位监督机制保护环境

清洁生产是新时期实现企业经济效益和环境效益的必然选择，也是新时期工业化发展模式的必然选择，是工业化经济时代加强环境保护的现实需要。就有机化工来说，要把清洁生产纳入企业的日常生产管理中，建立ISO14000环境管理体系标准，推动企业生产转型。把清洁生产作为一项重要考核指标，确保企业优化生产工艺，落实清洁生产的各项要求。

活动二　有机化工生产工艺流程认知

图 1-2 是乙酸乙烯酯（也称醋酸乙烯酯）合成工序工艺流程框图，以小组为单位，讨论原料预处理、化学反应和产品的分离精制过程分别是哪些步骤。

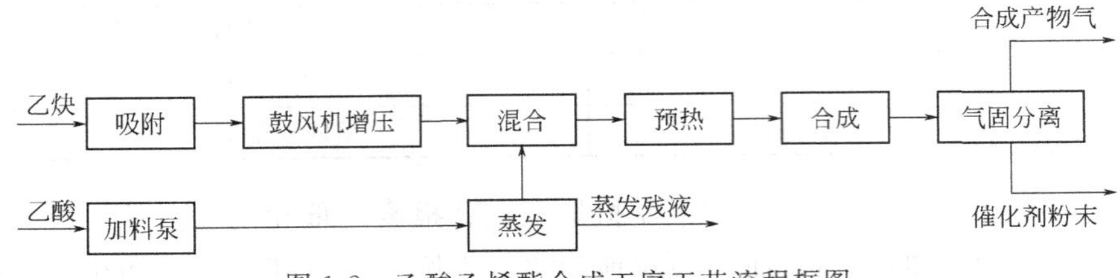

图 1-2　乙酸乙烯酯合成工序工艺流程框图

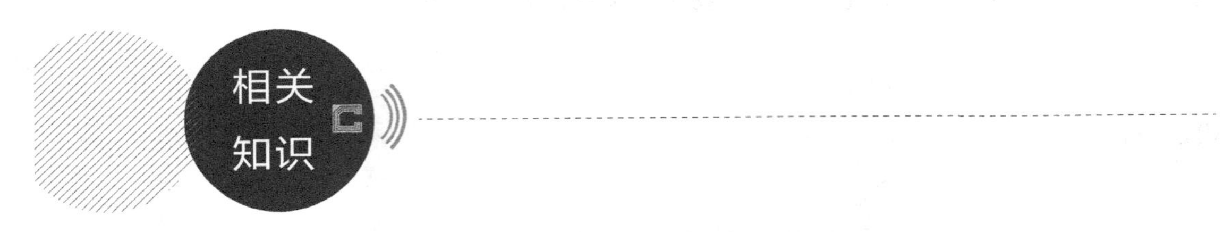

原料需要经过包括物质和能量转换的一系列加工，方能转变成所需产品，实施这些转换需要有相应的功能单元来完成，按物料加工顺序将这些功能单元有机地组合起来，则构筑成工艺流程。将原料转变成化工产品的工艺流程（或将一个过程的主要设备、机泵、控制仪表、工艺管线等按其内在联系结合起来，实现从原料到产品的过程）称为化工生产工艺流程。

化工生产中的工艺流程是丰富多彩的，不同产品的生产工艺流程固然不同，同一产品用不同原料来生产，工艺流程也大不相同；有时即使原料相同，产品也相同，若采用的工艺路线或加工方法不同，在流程上也有区别。

工艺流程多采用图示方法来表达。如果以方框来表示各单元，称为流程框图；如果以设备外形或简图来表达，称为工艺流程图。书中主要以这两种图形来简明地反映化工产品生产过程中的主要加工步骤。而工厂生产装置的流程图需标明物料流量、副产物及三废排放量、需供给或移出的能量、工艺操作条件、测量及控制仪表、自动控制方法等。

M1-6　工艺流程图

1. 在芳烃联合生产装置中，芳烃分离过程是生产芳烃的关键步骤，请查阅资料，说一说芳烃分离所采用的方法都有哪些。

2. 从油田中采出的石油都伴有水，而水中又溶解有氯化钠、氯化钙、氯化镁等盐类，这些杂质对炼油装置危害是很大的。请以小组为单位，查阅资料后讨论，原油如何进行预处理。

任务三 有机化工生产过程评价认知

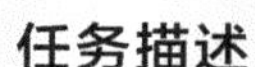

任务描述

乙酸是非常重要的基本有机化学品，是乙酸乙烯、乙酸酯、对苯二甲酸等多种产品的原料，广泛应用于几乎所有工业领域。请通过查阅资料，了解乙酸有哪些性质、用途和国内外乙酸的生产现状。

任务目标

素质目标

具备资料查阅、信息检索和加工等自我学习的能力。

知识目标

了解乙酸的性质和用途。

能力目标

能及时把握乙酸的行业动态。

活动一　化工生产效果的常用评价指标认知

某一企业采用乙醛氧化生产乙酸，原料乙醛处理量为 5000kg/h，产物中乙醛为 1000kg/h，获得产物乙酸为 2800kg/h，根据以上数据，对乙酸生产效果进行评价。

1. 生产能力和生产强度

生产能力系指一个设备、一套装置或一个工厂在单位时间内生产的产品量，或在单位时间内处理的原料量，其单位为 kg/h、t/d 或 kt/a 等。

生产强度为设备单位特征几何量的生产能力，即设备的单位体积的生产能力，或单位面积的生产能力，其单位为 $kg/(h \cdot m^3)$、$kg/(h \cdot m^2)$ 等。生产强度指标主要用于比较那些反应过程或物理加工过程相同的设备或装置的优劣。设备中进行的过程速率高，其生产强度就高。

M1-7　生产能力和生产强度

2. 转化率、选择性和收率（产率）

化工总过程的核心是化学反应，提高反应的转化率、选择性和产率是提高化工过程效率的关键。

（1）转化率　表示进入反应器内的原料与参加反应的原料之间的数量关系。转化率越大，说明参加反应的原料量越多，转化程度越高。由于进入反应器的原料一般不会全部参加反应，所以转化率的数值小于 1。工业生产中有单程转化率和总转化率之分。

M1-8　转化率、选择性和收率

① 单程转化率。

$$\text{单程转化率}=\frac{\text{参加反应的反应物量}}{\text{进入反应器的反应物量}}\times 100\%$$

$$=\frac{\text{进入反应器的反应物量}-\text{反应后剩余的反应物量}}{\text{进入反应器的反应物量}}\times 100\%$$

② 总转化率。对于有循环和旁路的生产过程，常用总转化率。

$$\text{总转化率}=\frac{\text{过程中参加反应的反应物量}}{\text{进入过程的反应物总量}}\times 100\%$$

（2）选择性　对于复杂反应体系，同时存在生成目的产物的主反应和生成副产物的许多副反应，只用转化率来衡量是不够的。因为，尽管有的反应体系原料转化率很高，但大多数转变成副产物，目的产物很少，意味着许多原料浪费了。所以需要用选择性这个指标来评价反应过程的效率。选择性指体系中转化成目的产物的某反应物的量与参加所有反应而转化的该反应物总量之比，用符号 S 表示，其定义式如下：

$$S=\frac{\text{转化为目的产物的某反应物的量}}{\text{该反应物的转化总量}}$$

选择性也可按下式计算：

$$S=\frac{\text{实际所得的目的产物量}}{\text{按某反应物的转化总量计算应得到的目的产物理论量}}$$

上式中的理论所得的目的产物量是按主反应式的化学计量关系来计算的，并假设转化了的所有反应物全部转变成目的产物。

在复杂反应体系中，选择性是个很重要的指标，它表达了主、副反应进行程度的相对大小，能确切反映原料的利用是否合理。

（3）收率　亦称为产率，表示进入反应器的原料与生成目的产物所消耗的原料之间的数量关系。收率越高，说明进入反应器的原料中，消耗在生产目的产物上的数量越多。收率也有单程收率和总收率之分。

$$\text{单程收率}=\frac{\text{生成目的产物所消耗的原料量}}{\text{进入反应器的原料量}}\times 100\%$$

$$\text{总收率}=\frac{\text{生成目的产物所消耗的原料量}}{\text{新鲜原料量}}\times 100\%$$

（4）质量收率　是指投入单位质量的某原料所能生产的目的产物的质量与该原料的起始质量之比，即

$$\text{质量收率}=\frac{\text{目的产物的质量}}{\text{某原料的起始质量}}\times 100\%$$

【例 1-1】 乙烷脱氢生产乙烯时，原料乙烷处理量为 8000kg/h，产物中乙烷为 4000kg/h，获得产物乙烯为 3200kg/h，求乙烷转化率、乙烯的选择性及收率。

解：乙烷转化率＝(8000－4000)/8000×100％＝50％

乙烯的选择性＝(3200×30/28)/4000×100％＝85.7％

乙烯的收率＝50％×85.7％×100％＝42.9％

【例 1-2】 丙烷脱氢生产丙烯时，原料丙烷处理量为 3000kg/h，丙烷单程转化率为 70％，丙烯选择性为 96％，求丙烯产量。

解：丙烯产量＝3000×70％×96％×42/44＝1924.4（kg/h）

活动二　工艺技术经济评价指标认知

某一企业以天然气为原料生产乙酸，从甲烷制备乙炔的产率为 20%，乙炔制备乙醛的产率为 60%，乙醛制备乙酸的产率为 90%。今以含有 97%（体积分数）甲烷的天然气为原料，根据以上数据，计算由乙醛生产 1t 乙酸时甲烷的消耗定额。

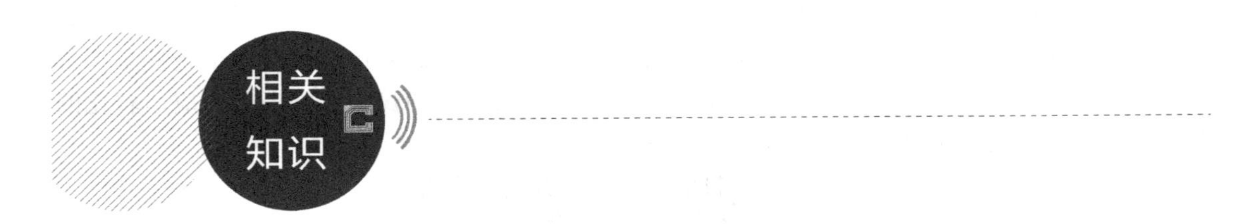

消耗定额是指生产单位产品所消耗的各种原料及辅助材料（水、电、蒸汽等）的数量。消耗定额越低，生产过程的经济效益就越好。但当消耗定额降低到某一水平后，再继续降耗就很困难，此时的标准是最佳标准。消耗定额是反映化工生产技术水平和管理水平的一项重要经济指标，生产中应选择先进的工艺技术，严格控制各操作条件，才能达到高产低耗。如果超过了规定指标，必须查找原因，寻求解决办法，以实现增效降耗的目的。消耗定额包括原料消耗定额和公用工程消耗定额。

1. 原料消耗定额

原料消耗定额又分为理论消耗定额和实际消耗定额。理论消耗定额是将初始物料转化为具有一定纯度要求的最终产品，以化学反应方程式的化学计量为基础计算的消耗定额，用“$A_{理}$”表示，是生产单位目的产品时必须消耗原料量的理论值；实际消耗定额是以实际生产中消耗的原料量为基础计算的消耗定额，用“$A_{实}$”表示。在实际生产过程中，由于副反应的发生，会多消耗一部分原料，此外在各加工环节也会损失一些物料，比如设备、管道和阀门等的跑、冒、滴、漏。因此，在实际生产中原料消耗量总是高于理论消耗定额。

2. 公用工程消耗定额

公用工程是指化工生产必不可少的供水、供电、供热、冷冻和供气等。公用工程消耗定额是指生产单位产品所消耗的水、蒸汽、电及燃料等的量。

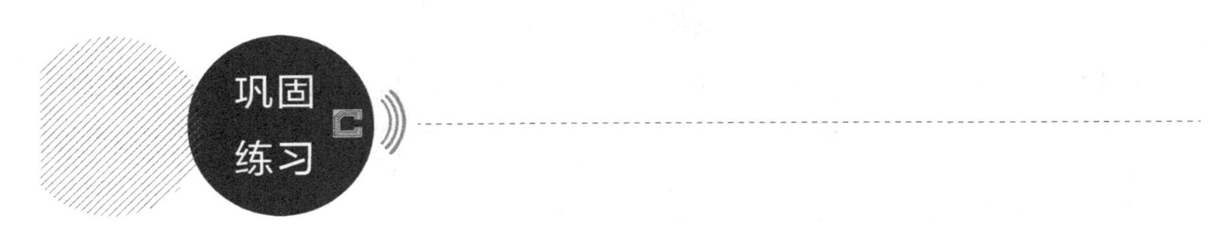

1. 什么叫转化率、选择性和收率？它们之间有什么关系？

2. 什么是生产能力？什么是生产强度？通过调研，说一说当地企业的乙烯、乙酸、苯胺生产能力都是多少。

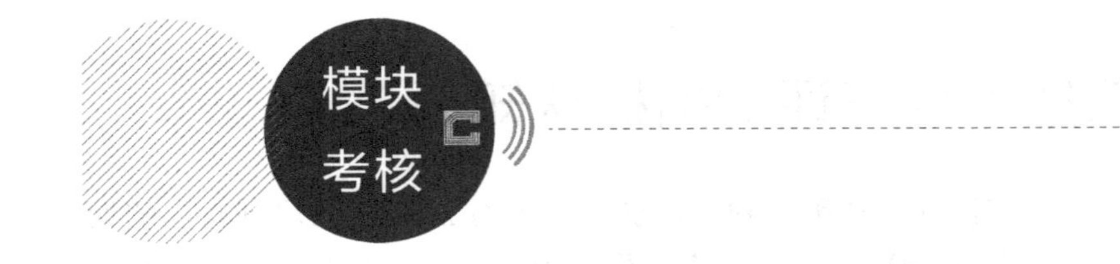

1. 什么是有机化学工业？常见的有机化工产品有哪些？

2. 有机化工的原料来源有哪些？

3. 化工过程的主要效率指标有哪些？什么是生产能力？什么是生产强度？
4. 一个完整的有机化工生产过程，包括哪些环节？
5. 常用的原料预处理方法有哪些？产品精制和分离方法有哪些？

模块二

乙烯的生产

本模块基于工业上乙烯生产的职业情境，以学生个体作为乙烯生产的现场操作工，通过查阅乙烯生产相关资料，收集技术数据，参照工艺流程图、设备图等，对乙烯生产过程进行工艺分析，选择合理的工艺条件。利用仿真软件，按照操作规程，进行反应和分离装置的开车、正常运行和停车操作，在操作过程中监控仪表、正常调节机泵和阀门，遇到异常现象时能发现故障原因并排除，保证生产和分离过程的正常运行，生产出合格的产品。

任务一
乙烯产品认知

任务描述

乙烯是石油化工最基本的原料，是生产各种重要的有机化工产品的基础。乙烯工业是石油化工产业的核心，它的生产规模、产量和技术标志着一个国家石油化学工业的发展水平。请查阅资料，了解乙烯有哪些性质和用途及国内外乙烯的生产现状。

任务目标

素质目标

具备资料查阅、信息检索和加工等自我学习的能力。

知识目标

了解乙烯的性质和用途。

能力目标

能及时把握乙烯的行业动态。

活动一　乙烯性质及其用途认知

乙烯作为基本的有机化工原料，可用来生产多种化工产品，衍生物种类繁多，广泛应用于我们生活的方方面面，请观察周围的生活用品，想一想，在衣、食、住、行等方面，有哪些乙烯衍生物制品，这些衍生物制品有什么用途。

乙烯是最简单的烯烃，分子式 C_2H_4，是无色易燃气体。乙烯少量存在于植物体内，是植物的一种代谢产物，能使植物生长减慢，促进叶落和果实成熟。乙烯的熔点为－169℃，沸点为－103.7℃。乙烯几乎不溶于水，难溶于乙醇，易溶于乙醚和丙酮。

乙烯是合成纤维、合成橡胶、合成树脂（聚乙烯及聚氯乙烯）、合成乙醇（酒精）的基本化工原料，也用于制造氯乙烯、苯乙烯、环氧乙烷、乙酸、乙醛和炸药等，还可用作水果和蔬菜的催熟剂，是一种已证实的植物激素。乙烯是世界上产量最大的化学产品之一，乙烯工业是石油化工产业的核心，其产品占石化产品的75%以上，在国民经济中占有重要的地位。世界上已将乙烯产量作为衡量一个国家石油化工发展水平的重要标志之一。

M2-1　乙烯产品认识及合成路线选择

1. 聚乙烯

聚乙烯是由乙烯聚合而成的高分子化合物，具有热塑性。纯品为乳白色、无毒、无臭、无味的粉状固体，手感似蜡。耐化学腐蚀，电绝缘性能极优，机械强度较高，耐寒可达－80℃。不溶于水，微溶于松节油、石油醚、甲苯等。按所用制法不同，可得不同相对密度（0.92～0.96）的产物。相对密度大的聚乙烯的刚性、熔点、机械强度和硬度等均较相对密度小的高。聚乙烯主要用于制造薄膜、酸和各种溶剂的输送管道、容器衬里及电线、电缆的绝缘材料和日用品等，还可作为电视、雷达的高频绝缘材料。

2. 乙二醇

乙二醇为无色、无臭、有甜味的黏稠液体，可用于制造树脂、增塑剂、合成纤维、化妆品、炸药、溶剂、抗冻剂等。乙二醇主要用于生产聚酯纤维、聚酯树脂、吸湿剂、增塑剂、表面活性剂、化妆品和炸药等，并用作染料、油墨等的溶剂，气体脱水剂，也可用作玻璃纸、纤维、皮革、黏合剂的湿润剂。可生产合成树脂 PET，纤维级 PET 即涤纶纤维，瓶片级 PET 用于制作矿泉水瓶等，还可生产醇酸树脂、乙二醛等，也用作配制防冻剂。除用作汽车用防冻剂外，还用于工业冷量的输送，一般称为载冷剂，同时，也可以与水一样用作冷凝剂。

3. 乙丙橡胶

乙丙橡胶是以乙烯、丙烯为主要单体的合成橡胶，依据分子链中单体组成的不同，有二元乙丙橡胶和三元乙丙橡胶之分，前者为乙烯和丙烯的共聚物，以 EPM 表示，后者为乙烯、丙烯和少量的非共轭二烯烃第三单体的共聚物，以 EPDM 表示。两者统称为乙丙橡胶。乙丙橡胶广泛应用于汽车部件、建筑用防水材料、电线电缆护套、耐热胶管、胶带、汽车密封件等。

4. 苯乙烯

苯乙烯是用苯取代乙烯的一个氢原子形成的有机化合物，乙烯基的电子与苯环共轭，不溶于水，溶于乙醇、乙醚，暴露于空气中会逐渐发生聚合及氧化。苯乙烯在工业上是合成树脂、离子交换树脂及合成橡胶等的重要单体。苯乙烯主要用于生产苯乙烯系列树脂及丁苯橡胶，也是生产离子交换树脂及医药品的原料之一。此外，苯乙烯还可用于制药、染料、农药以及选矿等行业。

5. 聚氯乙烯

聚氯乙烯是一种使用一个氯原子取代聚乙烯中的一个氢原子的高分子材料，是含有少量结晶结构的无定形聚合物。聚氯乙烯塑料有优良的耐酸碱、耐磨、耐燃烧和绝缘性能。但是对光和热的稳定性差，在 100℃以上或光照的情况下，会分解出氯化氢，引起颜色变黄。同时，上述良好的力学和化学性能迅速下降。解决的办法是在加工过程中加入稳定剂，如硬脂酸或其他脂肪酸的镉、钡、锌盐。

聚氯乙烯塑料一般可分为硬质和软质两大类。硬制品加工中不添加增塑剂，而软制品则在加工时加入大量增塑剂。聚氯乙烯本来是一种硬性塑料，它的玻璃化转变温度为 80～85℃。加入增塑剂以后，可使玻璃化转变温度降低，便于在较低的温度下加工，使分子链的柔性和可塑性增大，并可做成在常温下有弹性的软制品。常用的增塑剂有邻苯二甲酸二辛酯、邻苯二甲酸二乙酯。聚氯乙烯在加工时添加了增塑剂、稳定剂、润滑剂、着色剂，填料之后，可加工成各种型材和制品。

活动二　国内外乙烯生产现状分析

乙烯是世界上产量最大的化学产品之一，乙烯工业是石油化工产业的核心，在国民经济中占有重要地位。请查阅资料，分析目前国内外的乙烯生产情况，并针对乙烯的生产现状和未来发展趋势写一份报告。

1. 国内乙烯生产现状

2019 年国内乙烯生产情况见图 2-1 和表 2-1。

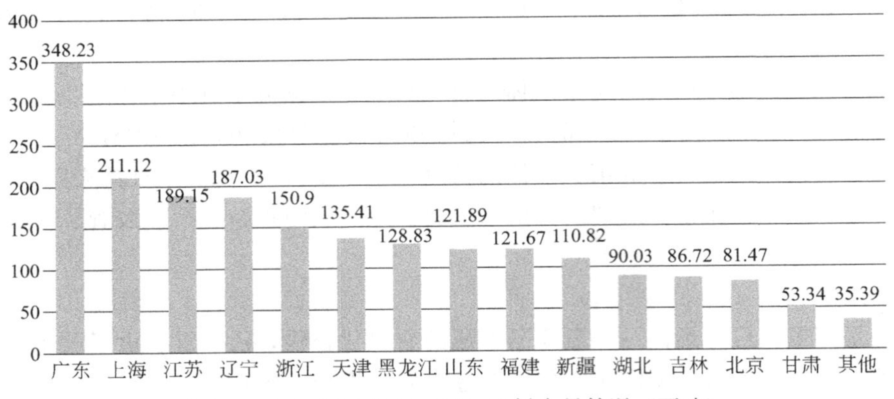

图 2-1　2019 国内各省（区）乙烯产量情况（万吨）

表 2-1　2019 中国乙烯产量地域分布情况统计表

省区	乙烯产量占比/%	省区	乙烯产量占比/%
广东	16.97	福建	5.93
上海	10.29	新疆	5.40
江苏	9.22	湖北	4.39
辽宁	9.11	吉林	4.23
浙江	7.35	北京	3.97
天津	6.60	甘肃	2.60
黑龙江	6.28	其他	1.72
山东	5.94		

2. 国内外乙烯产能

2019 年世界乙烯产能分布占比见表 2-2。

表 2-2　2019 年世界乙烯产能分布占比情况统计表

区域	乙烯产量占比/%	区域	乙烯产量占比/%
亚太	35	东欧	5
北美	24	南美	4
中东	17	非洲	1
西欧	14		

1. 通常用来衡量一个国家石油化工发展水平的标志是（　　）。

A. 石油的产量　　B. 乙烯的产量

C. 塑料的产量　　D. 合成纤维的产量

2. 下列关于乙烯用途的叙述中，错误的是（　　）。

A. 工业上可用乙烯水化法制取乙醇

B. 利用乙烯的加聚反应可生产聚乙烯塑料

C. 是替代天然气作燃料的理想物质

D. 农业上用作水果催熟剂

3. 目前我国乙烯下游产品占比最多的是（　　）。

A. 聚乙烯　　B. 聚氯乙烯　　C. 乙二醇　　D. 苯乙烯

4. 我国乙烯产量近年来逐年增加这个说法是（　　）的。

A. 对　　B. 错

任务二 生产方法的选择

任务描述

现有一家企业拟建乙烯产品生产项目。合成乙烯的方法很多，工业上生产乙烯的方法主要有：乙醇催化脱水法、焦炉煤气分离法、甲醇催化转化法以及烃类裂解法。不同的方法，工艺过程、收益成本、环保性等各不同。假如你是该企业的一员，请根据乙烯每种生产方法的特点，为该企业推荐一种合适的生产方法。

任务目标

素质目标

具备资料查阅、信息检索和加工等自我学习的能力。

知识目标

① 了解乙烯工业生产方法；

② 了解乙烯生产技术现状及进展。

能力目标

能选择合理的生产原料及生产方法。

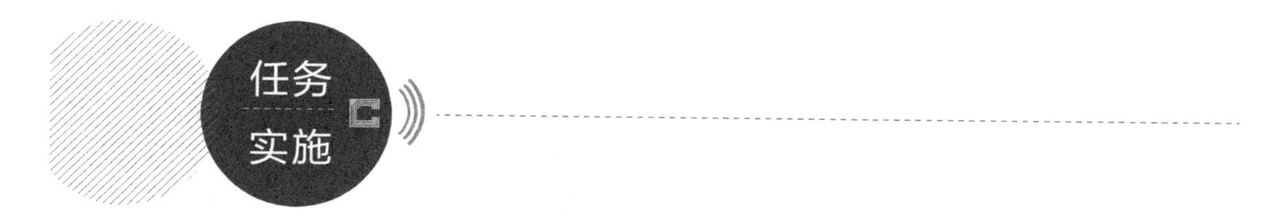

活动一　乙烯生产方法认知

工业上生产乙烯的方法主要有乙醇催化脱水法、焦炉煤气分离法、甲醇催化转化法以及烃类裂解法等，不用的方法所使用的原料、生产原理都各不相同。请查阅资料，了解乙烯的几种生产方法，并对几种生产方法进行比较，完成表 2-3。

表 2-3　乙烯生产方法比较

乙烯生产方法	乙醇催化脱水法	焦炉煤气分离法	甲醇催化转化法	烃类裂解法
生产原料				
生产原理				
优点				
缺点				

1. 乙醇催化脱水法

乙醇催化脱水制乙烯是工业上早期采用的方法。脱水所用催化剂为载于焦炭的磷酸、活性氧化铝或 ZSM 分子筛，反应温度一般为 360～420℃。以焦炭为载体的磷酸催化剂是工业上早期使用的催化剂，其特点是所得产品纯度高，脱水产物经水洗和干燥后可得纯度 99.5%的乙烯。但是磷酸催化剂有酸沥出，引起泄漏、腐蚀等问题，操作时需要经常卸出催化剂和更新设备，处理能力比较低。氧化铝催化剂特别是分子筛催化剂较为清洁、坚固，没有设备腐蚀问题，为目前所采用。所用的反应器有固定床和流化床两种，前者的乙烯产率为 94%～96%，后者为 99%。反应气体需经过净化。一般净化系统采用在中压低温下操作的两座精馏塔。在第一精馏塔去除轻组分，产品乙烯在第二精馏塔的塔顶采出而重组分留在塔釜。

2. 焦炉煤气分离法

焦炉煤气中约含有 2%的乙烯，早期是用硫酸吸收乙烯，经处理后转化成乙醇，再催化脱水释放出乙烯。用这种方法生产的乙烯含杂质较多。随着合成氨技术的发展，出现了焦炉煤气低温分离法，在分离氢氨混合气的同时也分离出乙烯。焦炉煤气经过压缩机压缩，经水洗、碱洗脱除二氧化碳等酸性气体后，被来自系统的低温气体预冷至－110℃，此时焦炉气中的乙烯和一部分甲烷等被冷凝为粗乙烯馏分，未冷凝的气体在系统中进一步用液氮冷却分离出氢氮混合气。粗乙烯馏分再经乙烯提纯系统，使乙烯纯度提高到97%以上。

3. 甲醇催化转化法

该技术以煤或天然气合成的甲醇为原料，生产低碳烯烃，是发展非石油资源生产乙烯、丙烯等产品的核心技术。甲醇制烯烃技术（MTO）主要分两步，首先由煤或天然气转化生成粗甲醇；然后甲醇转化生成烯烃，主要是乙烯和丙烯。不同的工艺生成的乙烯与丙烯的比例也不同。

甲醇制烯烃的反应具有以下特点：

① 反应为强放热过程，工艺设计需要考虑移热问题；

② 为了抑制高碳数烃类和芳烃的形成，提高烯烃的选择性，具有择形功能的分子筛是常用的催化材料，但是分子筛易积炭失活，需要进行再生；

③ 目标产物烯烃为中间产物，需要抑制烯烃二次反应（如氢转移、烯烃聚合等）的进行。

从前两个特点出发，流化床是该过程的理想反应器，但是流化床返混严重，会增加二次反应。针对以上问题，国内外学者对此过程进行了深入研究。我国于2010年首次实现了MTO的工业化。

4. 烃类裂解法

烃类热裂解，石油烃类在高温和无催化剂存在的条件下发生分子分解反应而生成小分子烯烃或（和）炔烃的过程。由石油烃裂解制乙烯，是在隔绝空气和高温条件下，使裂解原料中的大分子烃类发生分解反应而生成小分子烃的过程。总的裂解过程是一个十分复杂的过程，除了脱氢、断链、二烯烃合成、开环分解，以及烷基芳烃脱烷基或脱氢反应外，还有加氢、芳构化、异构化和聚合等反应；最终得到乙烯、丙烯、丁二烯、芳烃以及其他产品，如氢气、甲烷等。裂解主要采用管式炉水蒸气裂解法，蓄热炉法则采用很少。

管式炉裂解工艺过程为：将原料与30%左右的稀释蒸汽混合，在一定压力下进入裂解炉的对流段，被预热到580～600℃后，进入辐射段，达820～840℃，停留一段时间后进入废热锅炉，通过急冷使裂解气迅速冷却下来，以抑制二次反应，同时回收热量。所得裂解气进入压缩分离系统进行分离，得到乙烯、丙烯等烯烃主产品。

活动二　乙烯生产方法选择

乙烯生产方法有多种，假设山东省某企业要设计投产一条乙烯生产线，期望生产能力为100万吨/年。面对几条乙烯生产工艺路线，请你根据所学知识并结合实际情况，为公司提供合理化建议并说明原因。

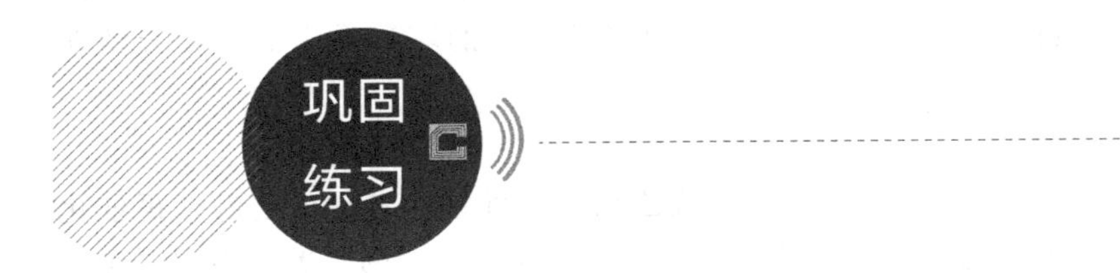

生产原料会对乙烯生产工艺产生重要影响，请查阅资料，了解哪些炼油生产装置能为乙烯生产提供原料。我国炼油装置发展现状，对乙烯的生产产生了什么影响？

任务三 工艺流程的组织

任务描述

目前世界上乙烯的生产以烃类裂解法为主，明确生产路线后，原料已确定，原料需要经过一系列单元过程转化为产品，这些单元过程按一定顺序组合起来，即构成了工艺流程。作为一名合格的一线化工生产技术人员，要明确生产工艺，明确生产设备的操作顺序和工艺流程。

任务目标

素质目标

① 具备发现、分析和解决问题的能力；

② 具备化工生产的安全、环保、节能的职业素养。

知识目标

① 掌握烃类裂解制乙烯的工艺流程；

② 熟悉烃类裂解生产乙烯工艺流程中所用的主要设备。

能力目标

能阅读和绘制乙烯生产工艺流程图。

活动一 烃类热裂解生产工艺流程识读

图 2-2 是管式炉裂解典型工艺流程图。烃类热裂解装置可以分为原料加热及反应系统、急冷锅炉及高压水蒸气系统、油急冷及燃料油系统、水急冷和稀释水蒸气系统四部分，请在 A3 图纸上绘制管式炉裂解典型工艺流程图，并以小组为单位，描述工艺流程。

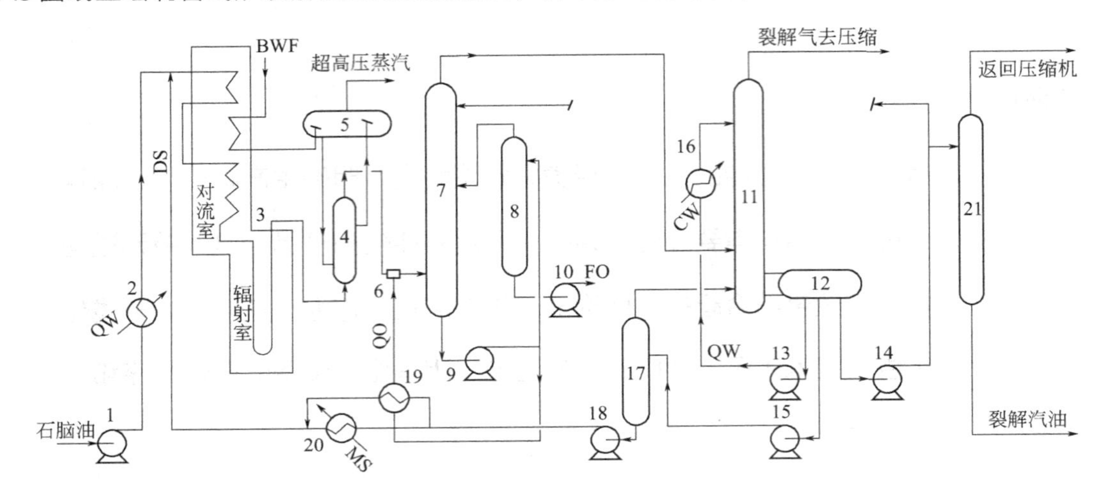

图 2-2 管式炉裂解典型工艺流程图

BWF—锅炉给水；QW—急冷水；QO—急冷油；FO—燃料油；CW—冷却水；MS—中压蒸汽
1—原料油泵；2—原料预热器；3—裂解炉；4—急冷换热器；5—汽包；6—急冷器；
7—汽油分馏塔（油冷塔）；8—燃料油汽提塔；9—急冷油泵；10—燃料油泵；11—水洗塔；
12—油水分离器；13—急冷水泵；14—裂解汽油回流泵；15—工艺水泵；16—急冷水冷却器；
17—工艺水汽提塔；18—工艺水泵；19，20—稀释蒸汽发生器；21—汽油汽提塔

1. 原料加热及反应系统

由图 2-2 可知，由原料罐区来的石脑油等原料换热后，与稀释蒸汽 DS（180℃，0.55MPa）按相应的油汽比混合进入裂解炉对流段，加热后进入辐射段。物料在辐射段炉管内迅速升温进行裂解反应（以控制辐射炉管出口温度 COT 的方式控制裂解深度，COT 为 800～900℃）。裂解气出口温度 COT 通过调节每组炉管的烃进料量来控制，要求高于裂解气的露点

M2-2 裂解工艺流程

（裂解气中重组分的露点），若低于露点温度，则裂解气中的较重组分有一部分会冷凝，凝结的油雾黏附在急冷换热器管壁上形成流动缓慢的油膜，既影响传热，又容易发生二次反应。

应根据炉子总的烃进料量来调节侧壁燃料气总管压力；底部烧气时，燃料气在压力控制下进入炉子的底部烧嘴。底部烧油时，燃料油在流量控制下进入炉子的底部烧嘴。按设计条件，底部烧嘴能提供整台炉子30％～40％的热负荷。

2. 急冷锅炉及高压水蒸气系统

从裂解辐射炉管出来的裂解气进入急冷换热器，与326℃的高压锅炉给水换热迅速冷却以终止二次反应。急冷换热器是使裂解气骤冷的重要设备。它使裂解气在极短的时间（0.01～0.1s）内，温度由约800℃下降到560℃左右。急冷换热器与汽包相连的热虹吸系统，在12.4MPa的压力条件下产生超高压蒸汽（SS）。锅炉给水（BFW）由对流段预热后进入锅炉蒸汽汽包。

3. 油急冷及燃料油系统

从急冷换热器出来的裂解气，进入急冷器。在急冷器内，用循环急冷油直接喷淋，裂解气与急冷油直接接触冷却至250℃以下，然后汇合送入油冷塔（也叫汽油分馏塔）。在油冷塔，裂解气进一步被冷却，裂解燃料油从油冷塔底抽出，被泵送到燃料油汽提塔，用汽提蒸汽将裂解燃料油汽提，提高急冷油中馏程在260～340℃馏分的浓度，有助于降低急冷油黏度。塔底的燃料油通过燃料油泵送入燃料油罐。

4. 水急冷和稀释水蒸气系统

油冷塔塔顶的裂解气，通过和水冷塔中的循环急冷水进行直接接触进行冷却和部分冷凝，温度冷却至28℃，水冷塔的塔顶裂解气被送到裂解气压缩工段。

急冷水和稀释水蒸气系统的生产目的是用水将裂解气继续降温到40℃左右，将裂解气中所含的稀释蒸汽冷凝下来，并将油洗时没有冷凝下来的一部分轻质油也冷凝下来，同时也可回收部分热量。稀释蒸汽发生器接收工艺水，产生稀释蒸汽送往裂解炉管，作为裂解炉进料的稀释蒸汽，降低原料裂解中的烃分压。

活动二　烃类裂解法关键设备认知

烃类热裂解装置的核心设备是裂解炉，除此之外，还需要用到原料预热器、汽提塔、水洗塔、分馏塔等设备，请根据烃类热裂解装置仿真软件和工艺流程图，分析装置中的典型设备及其作用，完成表2-4。

表2-4　乙烯裂解装置典型设备表

序号	设备名称	设备作用

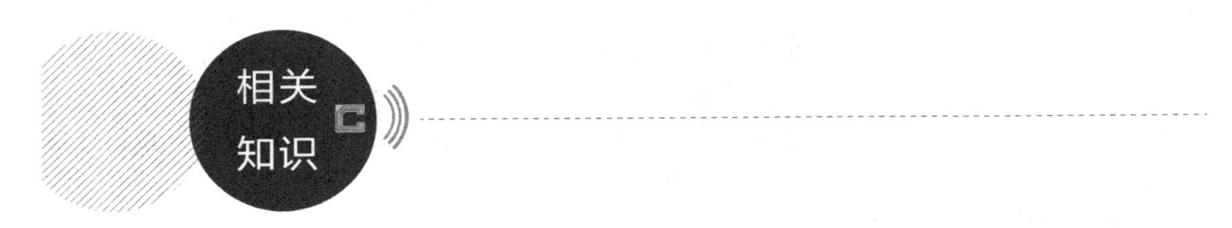

裂解条件需要高温、短停留时间，所以裂解反应的设备，必须是一个能够获得相当高温度的裂解炉，裂解原料在裂解管内迅速升温并在高温下进行裂解，产生裂解气。

管式炉裂解工艺是目前较成熟的生产乙烯工艺技术，我国近年来引进的裂解装置都是管式裂解炉。管式炉炉型结构简单，操作容易，便于控制和连续生产，乙烯、丙烯收率较高，动力消耗少，热效率高，裂解气和烟道气的余热大部分可以回收。管式炉裂解技术的反应设备是裂解炉，它既是乙烯装置的核心，又是挖掘节能潜力的关键设备。

1. 管式炉的基本结构

为了提高乙烯收率和降低原料和能量消耗，多年来管式炉技术取得了较大进展，并不断开发出各种新炉型。尽管管式炉有不同类型，但从结构上看，总是包括对流段（或称对流室）和辐射段（或称辐射室）组成的炉体、炉体内适当布置的由耐高温合金钢制成的炉管、燃料燃烧器等三个主要部分。图 2-3 为 SRT 型管式裂解炉结构示意图。

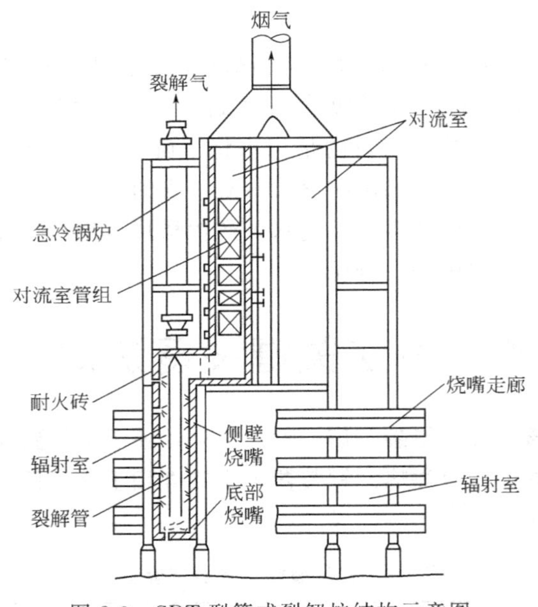

图 2-3　SRT 型管式裂解炉结构示意图

扫一扫

M2-3　管式裂解炉

（1）炉体　由两部分组成，即对流段和辐射段。对流段内设有数组水平放置的换热管用来预热原料、工艺稀释水蒸气、急冷锅炉进水和过热的高压蒸汽等；辐射段由耐火砖（里层）和隔热砖（外层）砌成，在辐射段炉墙或底部的一定部位安装有一定数量的燃烧器，所以辐射段又称为燃烧室或炉膛，裂解炉管垂直放置在辐射室中央。为放置炉管，还有一些附件如管架、吊钩等。

（2）炉管　炉管前一部分安置在对流段的称为对流管，对流管内物料被管外的高温烟道气以对流方式进行加热并汽化，达到裂解反应温度后进入辐射管，故对流管又称为预热管。炉管后一部分安置在辐射段的称为辐射管，通过燃料燃烧的高温火焰、产生的烟道气、炉墙辐射加热将热量经辐射管管壁传给物料，裂解反应在该管内进行，故辐射管又称为反应管。

（3）燃烧器　又称为烧嘴，它是管式炉的重要部件之一。管式炉所需的热量是通过燃料在燃烧器中燃烧得到的。性能优良的烧嘴不仅对炉子的热效率、炉管热强度和加热均匀性起着十分重要的作用，而且使炉体外形尺寸缩小，结构紧凑、燃料消耗低，烟气中 NO_x 等有害气体含量低。烧嘴因其所安装的位置不同分为底部烧嘴和侧壁烧嘴。管式裂解炉的烧嘴设置方式可分为三种：一是全部由底部烧嘴供热；二是全部由侧壁烧嘴供热；三是由底部和侧壁烧嘴联合供热。按所用燃料不同，又分为气体燃烧器、液体（油）燃烧器和气油联合燃烧器。

2. 裂解气急冷设备

裂解炉出口的高温裂解气在出口高温条件下将继续进行裂解反应。由于停留时间的增长，二次反应增加，经济损失随之增多。为此需要将裂解炉出口的高温裂解气尽快冷却，通过急冷以终止其裂解反应。当裂解气温度降至 650℃以下时，裂解反应基本终止。

（1）急冷的分类　急冷有间接急冷和直接急冷之分。

裂解炉出来的高温裂解气温度在 800～900℃左右，在急冷的降温过程中要释放出大量热，是一个可加利用的热源，为此可用换热器进行间接急冷，回收这部分热量发生蒸汽，以提高裂解炉的热效率，降低产品成本。用于此目的的换热器称为急冷换热器。急冷换热器与汽包所构成的发生蒸汽的系统称为急冷锅炉，也有将急冷换热器称为急冷锅炉或废热锅炉的。使用急冷锅炉有两个主要目的：一是终止裂解反应；二是锅炉给水吸收裂解气热量变成蒸汽，回收废热。

直接急冷的方法是在高温裂解气中直接喷入冷却介质，冷却介质被高温裂解气加热而部分汽化，由此吸收裂解气的热量，使高温裂解气迅速冷却。根据冷却介质的不同，直接急冷可分为水直接急冷和油直接急冷。

直接急冷设备费少、操作简单、系统阻力小，由于是冷却介质直接与裂解气接触，传热效果较好，但形成大量含油污水，油水分离困难，且难以利用回收的热量。而间接急冷对能量利用较合理，可回收裂解气被急冷时所释放的热量，经济性较好，且无污水产生，故工业上多用间接急冷。

（2）急冷锅炉　从生产乙烯的管式裂解炉出来的裂解气温度超过 700℃，为了防止高温下乙烯、丙烯等目的产品发生二次反应引起结焦、烯烃收率下降及生成经济价值不高的副产物，需要在极短的时间内把裂解气急冷下来。

急冷锅炉，既能把高温气体在极短时间内冷却到中止二次反应的温度以下，又能回收高温裂解气中的热能产生高压蒸汽，是乙烯装置中工艺性非常强的关键设备之一。

急冷锅炉由急冷换热器与汽包所构成的水蒸气发生系统组成（见图 2-4），急冷换热器常称作在线换热器（transfer line exchanger，常以 TLE 或 TLX 表示）。温度高达 800℃的高温裂解气进入急冷换热器管内，要在极短的时间内（一般在 0.1s 以下）下降到 350℃～600℃，管外走高压热水，压力为 11～12MPa，在此产生高压水蒸气，出口温度为 320～326℃。因此，急冷换热器具有热强度高、操作条件极为苛刻、管内外必须同时承受较高的温度差和压力差的特点，同时在运行过程中还有结焦问题。急冷换热器为双套管型的换热器，裂解气走内管，锅炉给水和产生的超高压蒸汽走内管和外管之间的环隙。

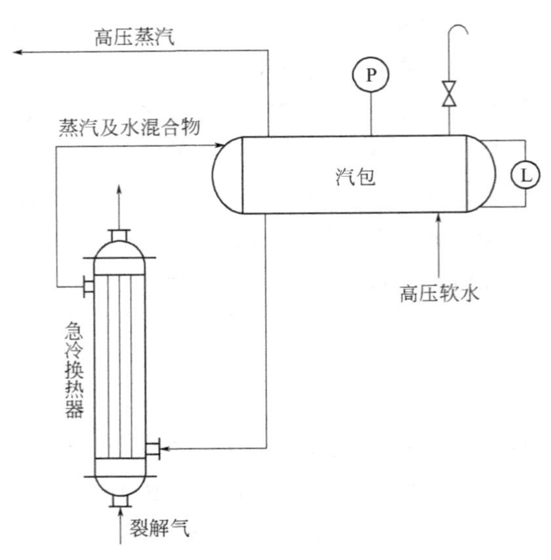

图 2-4　急冷锅炉结构图

在裂解炉顶部平台上，每台炉子设置一个汽包，废热锅炉通过上升管和下降管与汽包相连，这个高度是由自然循环压头来决定的。汽包也叫高压蒸汽罐，因其工作压力为12.4MPa，所以它属于高压容器。锅炉给水在急冷换热器和高压汽包之间形成热虹吸循环。

(3) 油急冷塔　裂解气经过急冷换热器后，先进入油急冷塔和水冷塔进行油洗和水洗。油洗的作用有两个，一是通过急冷油将裂解气继续冷却，并回收其热量；二是使裂解气中的重质油和轻质油冷凝洗涤下来回收，然后送去水洗。

(4) 水急冷塔　水急冷塔的作用也有两个：一是通过水将裂解气继续降温到40℃左右，二是将裂解气中所含的稀释蒸汽冷凝下来，并将油洗时没有冷凝下来的一部分轻质油也冷凝下来，同时也可回收部分热量。

油急冷塔和水急冷塔的急冷方式都属于直接急冷，急冷剂与裂解气直接接触，急冷剂一般为油或水。

3. 裂解炉和急冷锅炉的清焦

烃类裂解过程中除生成各种烃类产物外，同时有少量炭生成（特别是不可避免发生的二次反应），这种炭是数百个碳原子稠合形成的，其中碳含量在95%以上，还有少量的氢。通常把这种炭称为焦，焦结聚于管壁的过程称为结焦。

结焦过程使裂解炉和急冷锅炉的管壁形成焦层，焦层的形成不仅影响传热效果，其热阻还使炉管管壁的温度不断上升影响炉管寿命。焦层的形成也增加了炉管的阻力降，影响裂解反应的正常进行。炉管中焦炭剥落或脱落，堵塞裂解炉管或废热锅炉进口。当急冷锅炉出现结焦时，除阻力较大外，还会引起急冷锅炉出口裂解气温度上升，导致减少副产高压蒸汽的回收，并加大急冷油系统的负荷。因此，必须对裂解炉和急冷锅炉定期进行清焦。

当出现以下任何一种情况，都应进行清焦：

① 裂解炉辐射盘管管壁温度超过设计规定。炉管材质为HK-40时，其管壁温度限制在1050℃左右；炉管材质为HP-40时，管壁温度限制在1120～1150℃左右。

② 裂解炉辐射段入口压力增加值超过设计值。一般限定其值低于 60～70kPa。

③ 裂解炉计划停车或紧急停车。

④ 急冷锅炉出口温度超过设计允许值或急冷锅炉进出口压差超过设计允许值。废热锅炉出口温度的机械设计极限值不允许超过 525℃。

⑤ 当裂解炉由于事故情况，如停电、停止进料或联锁停车时，应进行清焦。如果操作一段时间后已被冷却下来，而不进行清焦就重新开车操作，所结的焦通常会剥落而堵塞炉管或废热锅炉，这些疏松的焦炭在裂解炉重新加热并按正常程序清焦之前必须除去。可设置 1 个临时管道完成此工作。如果裂解炉投油操作不久就停车，产生结焦的可能性很小，就没有必要清焦。

裂解炉辐射管的焦垢可采用蒸汽清焦法、蒸汽-空气清焦法或空气烧焦法进行清理。这些清焦方法的原理是利用蒸汽或空气中的氧与焦反应汽化而达到清焦的目的。实际清焦过程中，裂解炉辐射盘管中的焦垢相当部分是剥落为碎焦块，经吹扫而得以清理。

蒸汽-空气烧焦法是在裂解炉停止烃进料后，加入空气，对炉出口干气分析，逐步加大空气量，当出口干气的（$CO+CO_2$）含量低于 0.2%～0.5%（体积分数）后清焦结束。通入空气和水蒸气烧焦的化学反应为：

$$C + O_2 \longrightarrow CO_2$$

$$C + H_2O \longrightarrow CO + H_2$$

$$CO + H_2O \longrightarrow CO_2 + H_2$$

由于氧化（燃烧）反应是强放热反应，故需加入水蒸气以稀释空气中氧的浓度，以减慢燃烧速率。烧焦期间，不断检查出口尾气的二氧化碳含量。在烧焦过程中，裂解管出口温度必须严格控制，不能超过 750℃，以防烧坏炉管。

空气烧焦法除在蒸汽-空气烧焦法的基础上提高烧焦空气量和炉出口温度外，逐步将稀释蒸汽量降为零，主要烧焦过程为纯空气烧焦。此法不仅可以进一步改善裂解炉辐射管清焦效果，而且可使急冷换热器在保持锅炉给水的操作条件下获得明显的在线清焦效果。采用这种空气清焦方法，可以使急冷换热器水力清焦或机械清焦的周期延长到半年以上。近几年，越来越多的乙烯厂在采用空气烧焦法。

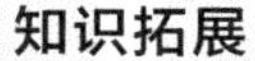

知识拓展

清洁生产与节能减排意识

河北省东光化工有限责任公司多年来不断加大节能环保治理设施的投入，采用新技术、新设备、新材料，对技术水平落后、能耗高的设备、工艺进行改造，不断降低能源消耗，提高能源利用效率。积极做好末端治理的升级改造，工艺过程中无组织排放及水的分级回用，实现了全过程清洁生产。

2014 年对 150 吨锅炉完成超低排放改造，2017 年对 120 吨三废炉和 90 吨三废炉进行脱硝升级改造。新建一套烟气脱硫装置，超前实现三废炉废气排放指标，达到锅炉超低排放标

准。2018 年又新上一套备用锅炉烟气脱硫装置，污染物排放量大幅降低，今年公司又计划对现有锅炉进行烟气脱除改造，为实现更低排放创造良好的基础。多措并举提升节能水平。2015 年实施节水改造。在两套污水处理装置后分别安装中水回用装置，做到外排水重复利用。2018 年建成浓水回收装置，实现浓水重复利用，有效节约了淡水资源，减少了淡水提取量。

清洁生产和节能减排意识是一种新的创造性的思想，该思想将整体预防的环境战略持续应用于生产过程、产品和服务中，以增加生态效率和减少对人类及环境的风险。

1. 画出烃类热裂解装置的流程框图，并简述每部分的作用。
2. 请简要画出管式裂解炉的结构示意图，注明各部分结构及其作用。

任务四
工艺条件的确定

任务描述

在化工生产过程中，工艺条件对化学反应的影响关系到生产过程的能力和效率。对于乙烯的生产，选择完合适的生产路线后，明确工艺条件尤为重要。

任务目标

素质目标

具备发现、分析和解决问题的能力。

知识目标

掌握烃类裂解制乙烯的生产原理和工艺条件。

能力目标

① 能够进行乙烯生产过程中工艺条件的分析、判断和选择；

② 能够根据生产原理分析生产条件。

活动一　烃类裂解生产乙烯工艺条件确定

烃类热裂解法是工业上应用最广泛的生产乙烯的方法，乙烯收率的大小与原料、裂解温度、裂解压力等条件息息相关，请查找资源，包括相应期刊、书籍、网络资源等，获取烃类裂解生产乙烯的工艺条件，记录下来，填写表 2-5。

表 2-5　烃类裂解生产乙烯的工艺条件

工艺指标	工艺条件
裂解温度	
裂解压力	
停留时间	
稀释剂	
水蒸气加入量	

一、烃类裂解反应原理分析

烃类裂解是指烃在高温下（600～800℃）发生碳氢键和碳碳键的断裂，一般可分为一次反应和二次反应。一次反应，即由原料烃（特别是烷烃）经裂解生成乙烯和丙烯的反应。二次反应，即一次反应的生成物进行进一步的反应生成多种产物，甚至最后生成焦炭。二次反应不仅消耗了原料，降低了烯烃的产率，而且反应生成的焦炭又会堵塞设备和管道，影响裂解操作的稳定，所以这一类反应是我们不希望发生的。

1. 链烷烃裂解的一次反应

链烷烃裂解的一次反应主要有：

（1）脱氢反应　这是碳氢键的断裂反应，生成碳原子数相同的烯烃和氢，其通式如下：

$$C_nH_{2n+2} \longrightarrow C_nH_{2n} + H_2$$

M2-4　烃类热裂解法生产原理

（2）断链反应　这是碳碳键的断裂反应，反应产物是碳原子数较少的

烷烃和烯烃，其通式为

$$R—CH_2—CH_2—R' \longrightarrow R—CH═CH_2 + R'H$$

2. 环烷烃裂解的一次反应

原料中的环烷烃可以发生断链和脱氢反应，生成乙烯、丁烯、丁二烯、芳烃等。

所谓二次反应是在裂解反应条件下，一次反应生成的烯烃都可以继续反应，转化成新的产物。

（1）烯烃的裂解　烯烃在裂解条件下，可以分解生成较小分子的烯烃或二烯烃。裂解的结果，可以增加乙烯、丙烯收率。此反应在热力学上是有利的。

丙烯裂解主要产物是乙烯和甲烷。

（2）加氢和脱氢　烯烃可以加氢生成饱和的烷烃，例如：

$$C_2H_4 + H_2 \longrightarrow C_2H_6$$

反应温度低时，有利于加氢平衡。

烯烃也可以进一步脱氢生成二烯烃和炔烃，例如：

$$C_2H_4 \longrightarrow C_2H_2 + H_2$$

$$CH_3CH═CH_2 \longrightarrow CH_3C≡CH + H_2$$

$$CH_3CH_2CH═CH_2 \longrightarrow CH_2═CH—CH═CH_2 + H_2$$

从热力学分析，烯烃的脱氢反应比烷烃的脱氢反应推动力更小，故需要更高的温度。

3. 烃的分解生炭反应

在较高温度下，低分子烷烃、烯烃、炔烃都可能分解为炭和氢。例如：

$$C_2H_2 \longrightarrow 2C + H_2$$

$$C_2H_4 \longrightarrow 2C + 2H_2$$

$$C_2H_6 \longrightarrow 2C + 3H_2$$

4. 烯烃的聚合、环化、缩合和结焦反应

烯烃能发生缩合、聚合、环化等反应，生成较大分子的烯、二烯和芳香烃。裂解的二次反应非常复杂，使裂解产物不仅含有小分子烯烃和烷烃，且含有二烯烃、单环芳烃和稠环芳烃等，甚至有焦炭生成。故在二次反应中，除了较高级的烯烃裂解能增产乙烯外，其余的都消耗乙烯，使收率下降。

二、烃类裂解原料的选择

1. 裂解原料的来源

烃类裂解原料来源十分广泛，按其相态可分为气态原料和液态原料。气态原料主要包括天然气及炼厂气等，液态原料主要包括石油化工生产中原油蒸馏或各种一次加工所得的多种馏分油。一般将馏分油分为轻质油及重质油两大类，轻质油包括石脑油、拔头油、抽余油以及常压瓦斯油（包括煤油、轻柴油）等；重质油主要指减压瓦斯油（包括重柴油、减压柴油等），轻质油比重质油裂解性能好。液态烃较气态烃乙烯收率低，但来源丰富，运输方便，能获得较多丙烯、丁烯和芳烃。

（1）天然气　天然气主要成分是甲烷，还含有乙烷、丙烷、丁烷等轻质饱和烃及少量的 CO_2、N_2、H_2S 等非烃成分。天然气经分离后得到乙烷以上的烷烃，这类烃分子量小，含氢量高，是裂解的良好原料，在全世界裂解原料中占 1/3，并有不断增长的趋势。

（2）炼厂气　炼厂气是原油在炼油厂加工过程中所得副产气的总称，是一种含有氢气、甲烷、乙烷、乙烯、丙烷、丙烯等大量轻质烃类的气体，主要产自常减压蒸馏、催化裂化、加氢裂化和延迟焦化等原油的一次加工和二次加工过程。

（3）石脑油　石脑油又称为轻汽油、化工轻油。由原油蒸馏或石脑油二次加工切取相应馏分而得。沸点范围是初馏点至220℃，也可以根据使用场合加以调整。按加工深度不同分为直馏石脑油和二次加工石脑油。直馏石脑油是原油经常压蒸馏分馏出的馏分，二次加工石脑油是指炼厂中焦化装置、加氢裂化装置等二次加工后得到的石脑油。

（4）重整抽余油　重整装置生产的重整汽油经芳烃抽提装置抽提出芳烃后，剩下的馏分称为重整抽余油，其主要成分是 $C_6 \sim C_8$ 烷烃，是较好的裂解原料。

（5）加氢焦化汽油　延迟焦化装置生产的焦化汽油和焦化柴油中不饱和烃含量高，必须经过加氢精制后才能作为汽油和柴油产品的调和组分。加氢焦化汽油还可作为催化重整原料或裂解的原料。加氢焦化油比直馏馏分油含氢量更高，裂解深度可深一些，产物中乙烯收率也高。

（6）加氢裂化尾油　加氢裂化装置一次转化率通常为60％～90％，还有10％～40％的未转化油（通称尾油），尾油中烷烃含量增加，芳烃和环状烃含量大为减少，是一种良好的乙烯裂解原料。近年来，我国加氢裂化尾油（HVGO）用作裂解原料比例稳步上升，已接近乙烯原料总量的10％。

2. 裂解原料的评价指标

裂解原料种类繁多，原料性质对裂解结果有着决定性的影响。表征裂解原料品质特性参数主要有族组成（PONA）、氢含量、特性因数（K）、芳烃指数（BMCI），原料的重要物理常数（密度、黏度、馏程、胶质含量）以及化学杂质（硫含量、砷含量，铅、钒等金属含量，残碳等）。其中以PONA、K、BMCI及氢含量最为重要。PONA增大、氢含量增大、K 增大、BMCI减小时，乙烯收率均增大。

（1）族组成　裂解原料油中的各种烃按其结构可以分为四大族，即烷烃族、烯烃族、环烷烃族和芳香族，这四大族的族组成以PONA值来表示。烷烃含量高、芳烃含量低的原料可获得较高乙烯产率。

（2）氢含量　氢含量可以用裂解原料中所含氢的质量分数表示。原料氢含量越高，裂解性能越好。烷烃氢含量最高，环烷烃次之，芳烃最低。

（3）特性因数　特性因数 K 是表示烃类和石油馏分化学性质的一种参数。K 值以烷烃最高，环烷烃次之，芳烃最低，它反映了烃的氢饱和程度。乙烯和丙烯总体收率大体上随裂解原料特性因数的增大而增加。

（4）芳烃指数（BMCI值）　馏分油的芳烃指数表示油品芳烃的含量。芳烃指数越大，则油品的芳烃含量越高。烃类化合物的芳香性按下列顺序递增：正构烷烃＜异构烷烃＜烷基单环烷烃＜无烷基单环烷烃＜双环烷烃＜烷基单环芳烃＜苯＜双环芳烃＜多环芳烃。烃类化合物的芳香性越强，则BMCI值越大。

三、烃类裂解制乙烯影响因素的分析

在烃类裂解工艺过程中，影响裂解过程的主要因素有裂解温度、停留时间、压力及稀释蒸汽的用量。

1. 裂解温度

M2-5 石油烃热裂解的操作条件

裂解是吸热反应，需要在高温下才能进行。温度越高对生成乙烯、丙烯越有利，但对烃类分解成碳和氢的副反应（即二次反应）也越有利。提高反应温度，有利于提高一次反应对二次反应的相对速率，有利于乙烯收率的提高。裂解温度对乙烯产率的影响见表 2-6。

表 2-6　裂解温度对乙烯产率的影响

裂解温度	影响
＜750℃	生成乙烯的可能较小
＞750℃	生成乙烯的可能性较大
750 ～ 900℃	温度越高，反应的可能性越大，乙烯的产率越高
＞900℃	生焦生炭反应

2. 停留时间

停留时间是指裂解原料由进入裂解辐射管到离开裂解辐射管所经过的时间，即反应原料在反应管中停留的时间。停留时间一般用 τ 来表示，单位为 s。

如果裂解原料在反应区停留时间太短，大部分原料还来不及反应就离开了反应区，原料的转化率很低，这样就增加了未反应原料分离、回收的能量消耗。

原料在反应区停留时间过长，对促进一次反应是有利的，故转化率较高，但二次反应的时间也更充分，一次反应生成的乙烯大部分都发生二次反应而消失，乙烯收率反而下降。同时二次反应的进行，生成更多焦和炭，缩短了裂解炉管的运转周期，既浪费了原料，又影响生产的正常进行。所以选择合适的停留时间，既可使一次反应充分进行，又能有效地抑制并减少二次反应。

停留时间的选择主要取决于裂解温度，如停留时间在适宜的范围内，乙烯的生成量较大，而乙烯的损失较小，即有一个最高的乙烯收率，称为峰值收率。如图 2-5 所示，提高温度可提高乙烯产品的收率；在一定温度下，乙烯收率先是随着停留时间的增加而快速增加，达到峰值后又降低，这是由于物料停留时间长导致二次反应所致。可见改善裂解反应产品收率的关键在于高温和短停留时间。在一定的反应温度下，如裂解原料较重，则停留时间应短一些，原料较轻则可稍长一些。

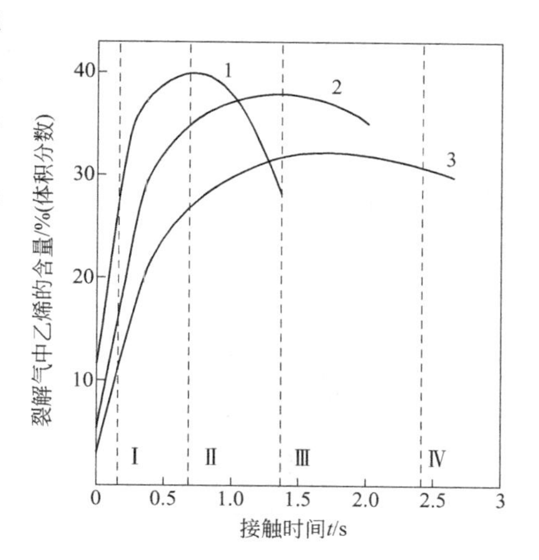

图 2-5　温度和停留时间对乙烷裂解反应的影响

1—843℃；2—816℃；3—782℃

3. 裂解压力

裂解过程中的一次反应，都是气体分子数增加的反应，压力虽然不能改变化学平衡常数的大小，但能改变其平衡组成，故降低压力有利于提高乙烯平衡转化率。对缩合、聚合等二次反应，都是分子数减少的反应。因此降低压力可以促进生成乙烯的一次反应和抑制发生聚合的二次反应，从而减轻结焦的程度。另外，从反应动力学分析，降低压力可增大一次反应对于二次反应的相对反应速率，所以降低压力可以提高乙烯的选择性。实际操作中，通常采取通入稀释蒸汽的方法以降低烃分压。

4. 稀释剂

降低反应装置的压力，不能直接采用抽真空减压操作。这是因为裂解炉在高温下不易密封，一旦空气漏入负压操作系统，空气与烃类气体混合会引起爆炸，同时还会多消耗能源，对后面分离工序的压缩操作不利，增加负荷，增加能耗。所以，添加稀释剂以降低烃分压是一个较好的方法。这样，设备仍可在常压或正压操作，而烃分压则可降低。稀释剂理论上讲可用水蒸气、氢气或任意一种惰性气体，但目前较为成熟的裂解方法，均采用水蒸气作稀释剂，其原因如下。

（1）降低烃分压的作用明显　水的摩尔质量小，同样质量的水蒸气其分压较大，稀释蒸汽可降低炉管内的烃分压，在总压相同时，烃分压可降低较多。

（2）价廉易得　水蒸气易分离，价廉易得，而且水蒸气可循环利用，有利于环保。

（3）稳定裂解温度　水蒸气热容量较大，当操作供热不平稳时，它可以起到稳定温度的作用，还可以保护炉管防止过热。

（4）保护炉管　水蒸气抑制原料中硫对裂解管的腐蚀；水蒸气对金属表面起一定的氧化作用，使金属表面的铁、镍形成氧化物薄膜，高温蒸汽可减缓炉管内金属 Fe、Ni 对烃分解生炭反应的催化，抑制结焦速率，起到钝化作用。

（5）脱除结炭　水蒸气在高温下能与裂解管中沉淀的焦炭发生如下反应：

$$C+H_2O \longrightarrow H_2+CO$$

使固体焦炭生成气体随裂解气离开，延长了炉管运转周期。

5. 水蒸气的加入量

裂解原料不同，水蒸气的加入量也不同。一般地说，轻质原料所需稀释蒸汽量可以低一些，随着裂解原料变重，所需稀释蒸汽量要增加，以减少结焦现象的发生。加入水蒸气的量，不是越多越好，增加稀释蒸汽量，将增大裂解炉的热负荷，增加燃料的消耗量，增加水蒸气的冷凝量，从而增加能量消耗，同时会降低裂解炉和后部系统设备的生产能力。

活动二　乙烯生产安全分析

M2-6　乙烯安全生产技术

在乙烯的生产工艺过程中，存在较多危险有害因素，这就要求在生产过程中，正确控制各种工艺参数，防止各种危险事故的发生。请结合本节课的学习，总结乙烯的安全生产的注意事项，制作乙烯生产车间安全告知卡。

1. 就周边某一化工企业，分析哪些炼油装置能为乙烯生产提供原料。
2. 根据所学知识分析，一种好的裂解原料应具备哪些性能指标。

任务五 裂解装置操作

任务描述

利用仿真软件，模拟生产反应车间工艺操作。在操作过程中监控现场仪表、正确调节现场机泵和阀门，遇到异常现象时发现故障原因并排除，保证生产装置的正常运行。

任务目标

素质目标

① 具备按照操作规程操作、密切注意生产状况的职业素质；

② 具有团队合作能力。

知识目标

① 掌握烃类裂解制乙烯的反应原理、工艺条件和工艺流程；

② 掌握乙烯生产过程中的安全、卫生防护等知识。

能力目标

① 能够按照操作规程进行装置的开车、停车操作；

② 能够按照操作规程控制反应过程的工艺参数；

③ 能够根据反应过程中的异常现象分析故障原因，排除故障。

活动一 流程认知

熟悉工艺流程是对装置熟练操作的前提，图 2-6 是烃类热裂解单元原则流程图，请根据工艺方框流程图说明烃类裂解过程的加工环节、原料及产品，完成表 2-7。

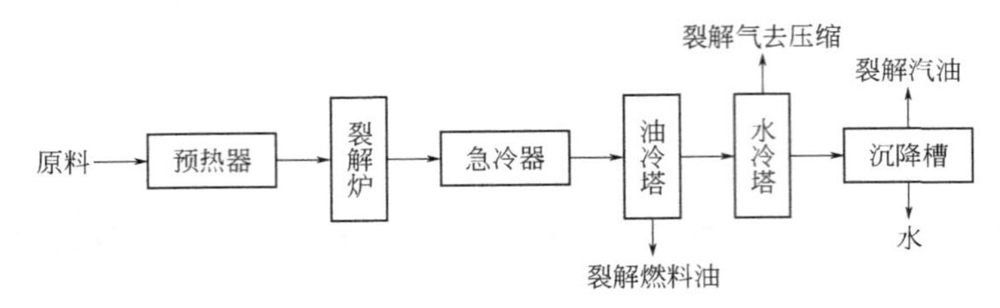

图 2-6 烃类热裂解单元原则流程图

表 2-7 烃类裂解过程的加工环节、原料及产品

序号	加工环节	原料	产品
1			
2			
3			
4			
5			
6			

本装置用热裂解法以工业规模生产乙烯，在专门设计的裂解炉内，用热裂解的方法，使烃和蒸汽的混合物形成从 H_2 到燃料油这样范围的复杂混合物。其中包括乙烯和其他产品，在全部产品中乙烯约占 29%，同时也生产粗的裂解汽油和燃料油，其他还联产像乙烯一样有价值的工业原料，包括丙烯、丁二烯。乙烯、丙烯和丁二烯都各含有一个或更多的双键，故在化学产品中都列为烯烃。其他裂解产品包括 H_2 和甲烷，H_2 一部分供

M2-7 乙烯装置热区分离工段认知

装置内部的加氢反应器使用，剩余部分作为产品外送，甲烷可以用作燃料。为了增加乙烯的产率，将乙烷和丙烷循环返回裂解，裂解气中也含有少量的炔烃（二键烃类），因为最终的乙烯产品规格要求几乎不含炔烃，并且有纯度的要求，故在下游将其除去。由裂解炉生成全部的产品和副产品，装置内的其余设备从裂解物中分离产品和副产品，并将其精制到合格。裂解物的分离和精制，除了 CO_2 和 H_2S 等酸性气用烧碱脱除以外，还有分别通过催化加氢使乙炔、丙炔转化成乙烷、乙烯、丙烷和丙烯，主要采用精馏的方法分离各产品。燃料油和裂解汽油用低压分馏，再用高压低温分馏，将裂解物分离成单一的组分。

1. 燃料气系统

燃料气是由天然气、EH-332 的再生气、甲烷、尾气、火炬回收气及经过 EH-225A 加热汽化的 C_4 等组成的。天然气来自界外，再生气、甲烷、尾气自产，共同进入 EV-221，然后经由 EH-221 加热，进入裂解炉系统。燃料气系统的 DCS 图如图 2-7 所示。

2. 轻烃进料系统

炉区轻烃是由 AP-802 泵输送到炉前的，在 AP-802 出口线上引出一股进入新加的 AT-001 塔脱除 CO_2 系统，脱除后返回到出口线上，该系统操作主要是控制 AH-001 塔的加热温度和加热后出口的流量，AH-001 加热所需 S3 的用量根据 AT-001 塔的进料量用 TIC-801 阀进行调整，温度控制在 60～80℃之间。在操作时必须控制 AH-001 塔再沸器有一定的液位。轻烃进料系统的 DCS 图如图 2-8 所示。

3. 裂解炉系统

进入裂解炉的原料，通过使用均衡配管和限流孔板，将进料分为四股进入对流段烃预热管进行加热汽化。各炉的稀释蒸汽进料量是与进料成比例的，通过 DCS 用稀释蒸汽流量控制器控制其比例。稀释蒸汽用一个流量控制器进行类似的控制。均衡配管和限流孔板分为四股，在对流段最底部的管束中过热，四股物料和四股过热的稀释蒸汽在对流段入口处汇合并完全混合。在烃与蒸汽预热管束的出口，设有两个混合器。每个混合器有两股烃和蒸汽的进料，并有两个出料口以进一步混合进入辐射炉管的物料，目的是完全混合对流段的出口物料，保证辐射炉管入口温度一致。混合器的两个出料口各接一个集管，每根集管向四根辐射炉管供料，每根辐射炉管都装有一个限流文丘里管，其位置设在入口集管的下游和进入辐射炉管之前。为了使乙烯和丙烯的产率最佳，在辐射区设定约为 0.3s 的停留时间，乙烯和丙烯的产率还取决于炉管出口温度。为了防止乙烯和其他烯烃的分解，在 USX（一急冷）中将炉出口物料急冷到 577～587℃（洁净时），一台 USX 冷却两根 W 形辐射炉管的物料，全部 USX 出口连接在一起，在一台 TLX（急冷换热器）中进一步冷却。用 USX 和 TLX 冷却物料所取出的热量发生 10.0MPa 的蒸汽。每台炉设有一台 10.0MPa 汽包及附属设备。锅炉给水在裂解炉对流段的省煤器中预热后进入汽包，汽包内的 BFW（锅炉给水）靠重力，利用热虹吸原理由汽包下降至 USX 和 TLX，蒸汽和水的混合物由换热器顶部上升回汽包。裂解炉 DCS 及现场图如图 2-9 所示。

4. 急冷油系统

急冷油分馏塔是根据将离开 TLX 的裂解气在急冷油分馏塔 ET-201 顶冷却至大约 110℃，塔釜温度 195℃进行设计的。裂解炉馏出物通过 60in（约 152.4cm）的输送管线在第一块塔盘下进入，除了主要对大部分物流进行冷却外，对裂解气中的高沸点组分冷凝并收集在塔釜的急冷油中，同时一部分急冷油被汽化。 在 ET-201 上部，气相组分再次被冷凝，轻燃

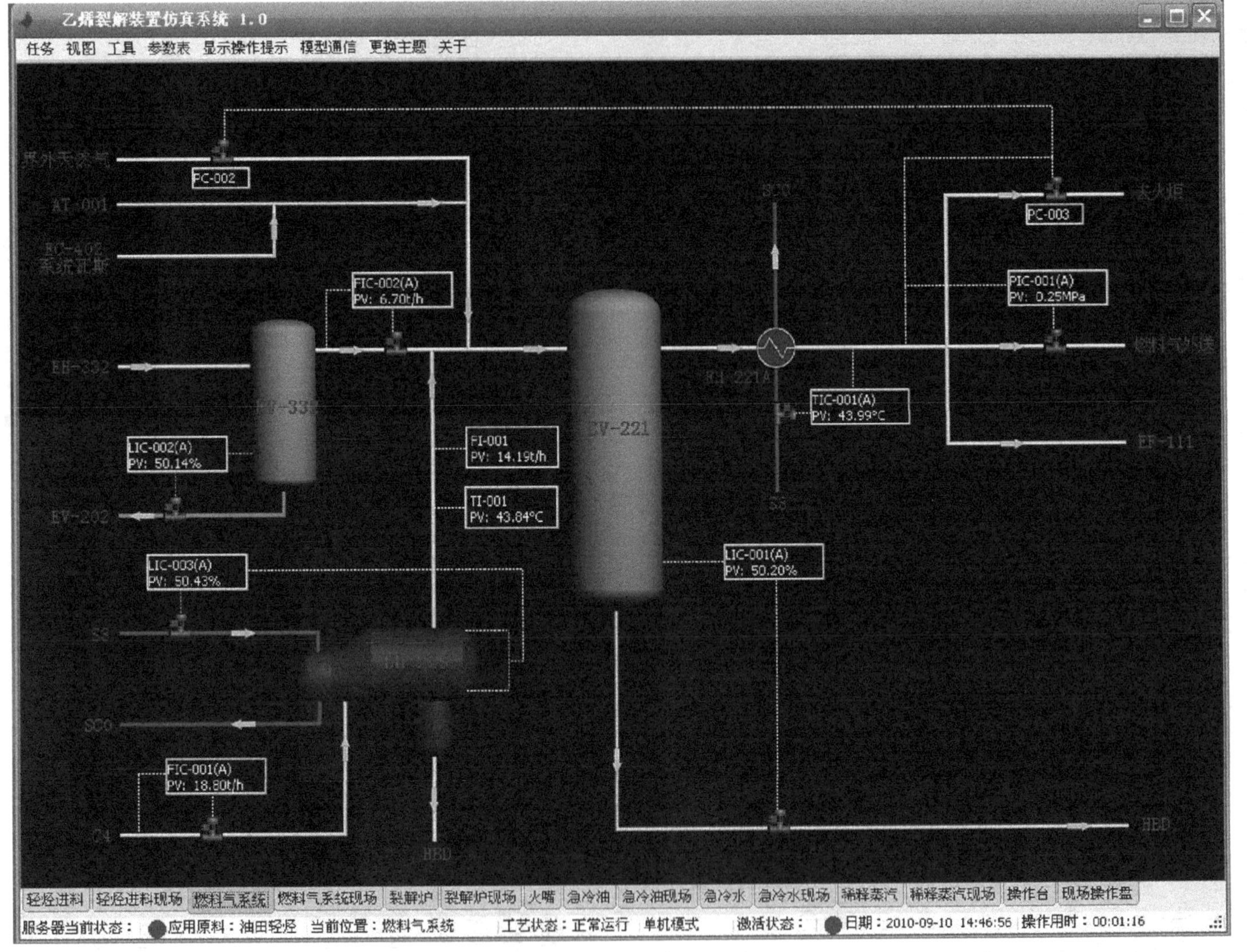

图 2-7　燃料气系统 DCS 图

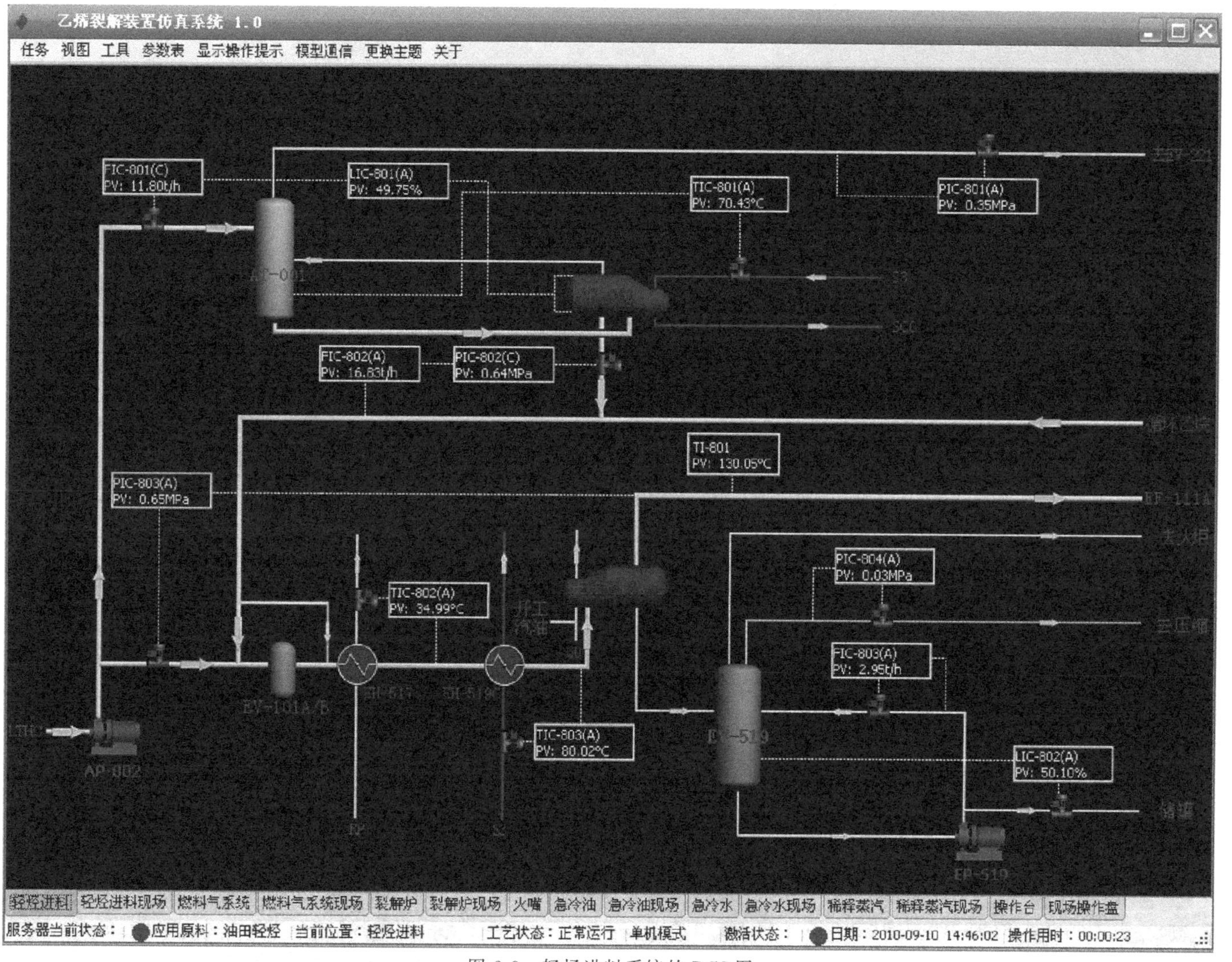

图 2-8 轻烃进料系统的DCS图

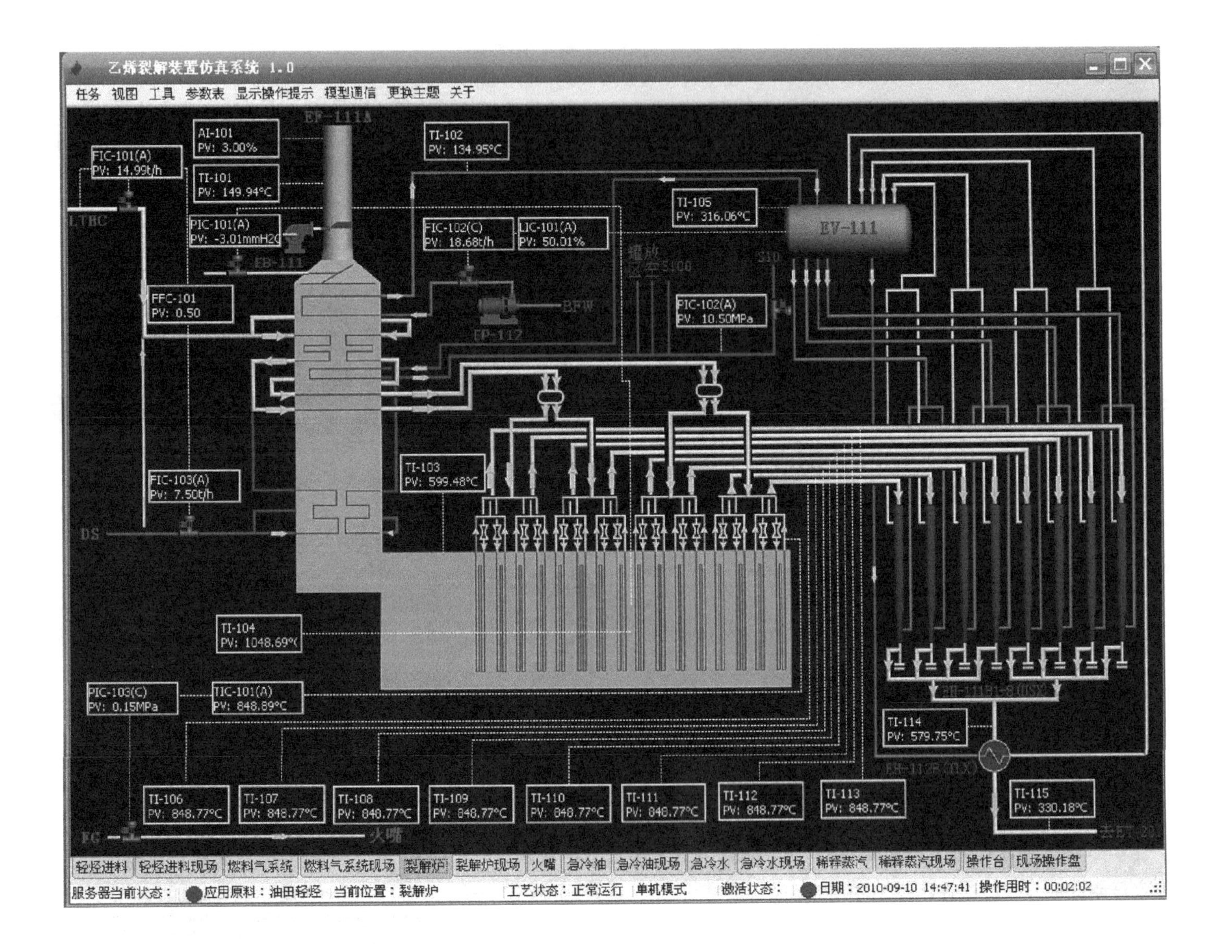
乙烯裂解装置仿真系统 1.0
任务 视图 工具 参数表 显示操作提示 模型通信 更换主题 关于
AI-101 PV: 3.00%
FIC-101(A) PV: 14.99t/h
TI-101 PV: 149.94°C
TI-102 PV: 134.95°C
LTHC
PIC-101(A) PV: -3.01mmH2O
FIC-102(C) PV: 18.68t/h
LIC-101(A) PV: 50.01%
TI-105 PV: 316.06°C
EV-111
EB-111
FFC-101 PV: 0.50
BFW
EP-117
PIC-102(A) PV: 10.50MPa
TI-103 PV: 599.48°C
FIC-103(A) PV: 7.50t/h
DS
TI-104 PV: 1048.69°C
PIC-103(C) PV: 0.15MPa
TIC-101(A) PV: 848.89°C
TI-114 PV: 579.75°C
TI-106 PV: 848.77°C
TI-107 PV: 848.77°C
TI-108 PV: 848.77°C
TI-109 PV: 848.77°C
TI-110 PV: 848.77°C
TI-111 PV: 848.77°C
TI-112 PV: 848.77°C
TI-113 PV: 848.77°C
TI-115 PV: 330.18°C
FG
火嘴
轻烃进料 轻烃进料现场 燃料气系统 燃料气系统现场 裂解炉 裂解炉现场 火嘴 急冷油 急冷油现场 急冷水 急冷水现场 稀释蒸汽 稀释蒸汽现场 操作台 现场操作盘
服务器当前状态： 应用原料：油田轻烃 当前位置：裂解炉 工艺状态：正常运行 单机模式 激活状态： 日期：2010-09-10 14:47:41 操作用时：00:02:02

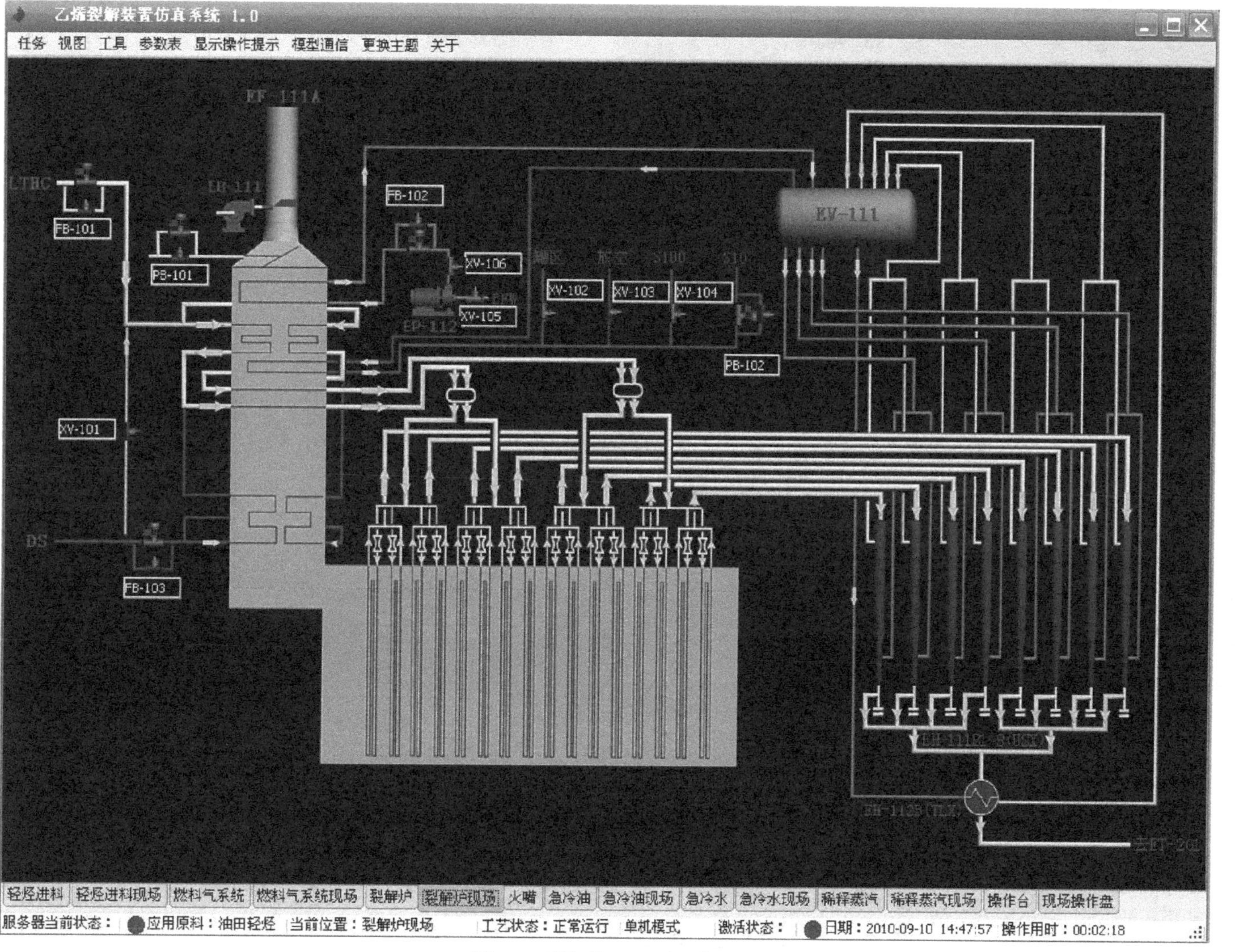

图 2-9 裂解炉 DCS 及现场图

料油从裂解炉馏出物中分离出去，作为侧线产品回收。来自油水分离器 EV-202 的汽油，由回流泵 EP-202A/B 送出返回 ET-201。来自急冷油分馏塔 ET-201 塔釜的热急冷油，经急冷油循环泵 EP-201 后，进入一系列换热器，从而回收热量。轻质燃料油汽提塔 ET-213 的物料主要是来自急冷油分馏塔 ET-201 精制段底部的一股物料。来自急冷油分馏塔 ET-201 塔底的一股急冷油支流被送到汽提塔升气塔盘的下面。轻质馏分在汽提塔的下部被过热稀释蒸汽汽提出来向上通过升气塔盘，然后被从上面进入的轻质油冷凝。急冷油在升气塔盘液位控制器 LIC-203 的控制下进入汽提塔下部。在汽提蒸汽加热器 EH-212 中，在 FIC-210 控制下，调节 S40 蒸汽流入换热器量，把汽提蒸汽过热到 240℃。在 ET-213 塔底被汽提出来的急冷油在 LIC-203 的液位控制下，由燃料油汽提塔塔釜泵 EP-217A/B 输送，一部分作为燃料油产品送出，一部分返回到 ET-201 塔。急冷油系统 DCS 图如图 2-10 所示。

5. 急冷水系统

当裂解炉馏出物通过急冷油分馏塔后，水蒸气和汽油组分都将冷凝在急冷水塔中。冷凝液从急冷水塔底流入油水分离器 EV-202，急冷水塔把稀释蒸汽的大部分和裂解炉馏出物中的汽油冷凝出来。工艺水和汽油流入油水分离器 EV-202，并分为汽油箱和水箱。汽油馏分回流被送回急冷油分馏塔 ET-201。多余的用液面控制送入馏出物汽提塔 ET-211。工艺水被用来发生稀释蒸汽。急冷水系统 DCS 图如图 2-11 所示。

6. 稀释蒸汽发生系统

稀释蒸汽发生系统的主要目的是通过利用急冷油循环系统的废热发生稀释蒸汽并进入裂解炉中，这样可以减少 1.25MPa 蒸汽的需要量。另外，由于重复利用稀释蒸汽冷凝液，使脱盐水的需要量降到最低，还可减少水排放的处理量。同时还可以回收一部分油品返回到精馏系统，冷凝液脱除杂质后从稀释蒸汽发生系统中循环使用。油水分离器 EV-202 收集的水，是急冷水塔和裂解气压缩机冷凝液的混合物，从主循环急冷水回路取出，送到稀释蒸汽发生系统。在此，发生 0.775MPa 蒸汽，用作裂解炉的稀释蒸汽，稀释蒸汽还可用作轻质燃料油汽提塔 ET-213 的汽提蒸汽。稀释蒸汽发生系统 DCS 图如图 2-12 所示。

活动二　设备认知

图 2-13 是乙烯裂解工艺总流程图，根据图 2-13 找出装置中的主要设备，分析设备各进出物料的组成，完成表 2-8 乙烯裂解装置主要设备表。

表 2-8　乙烯裂解装置主要设备表

序号	设备名称	流入物料	流出物料	设备主要作用
1				
2				
3				
4				
5				
6				

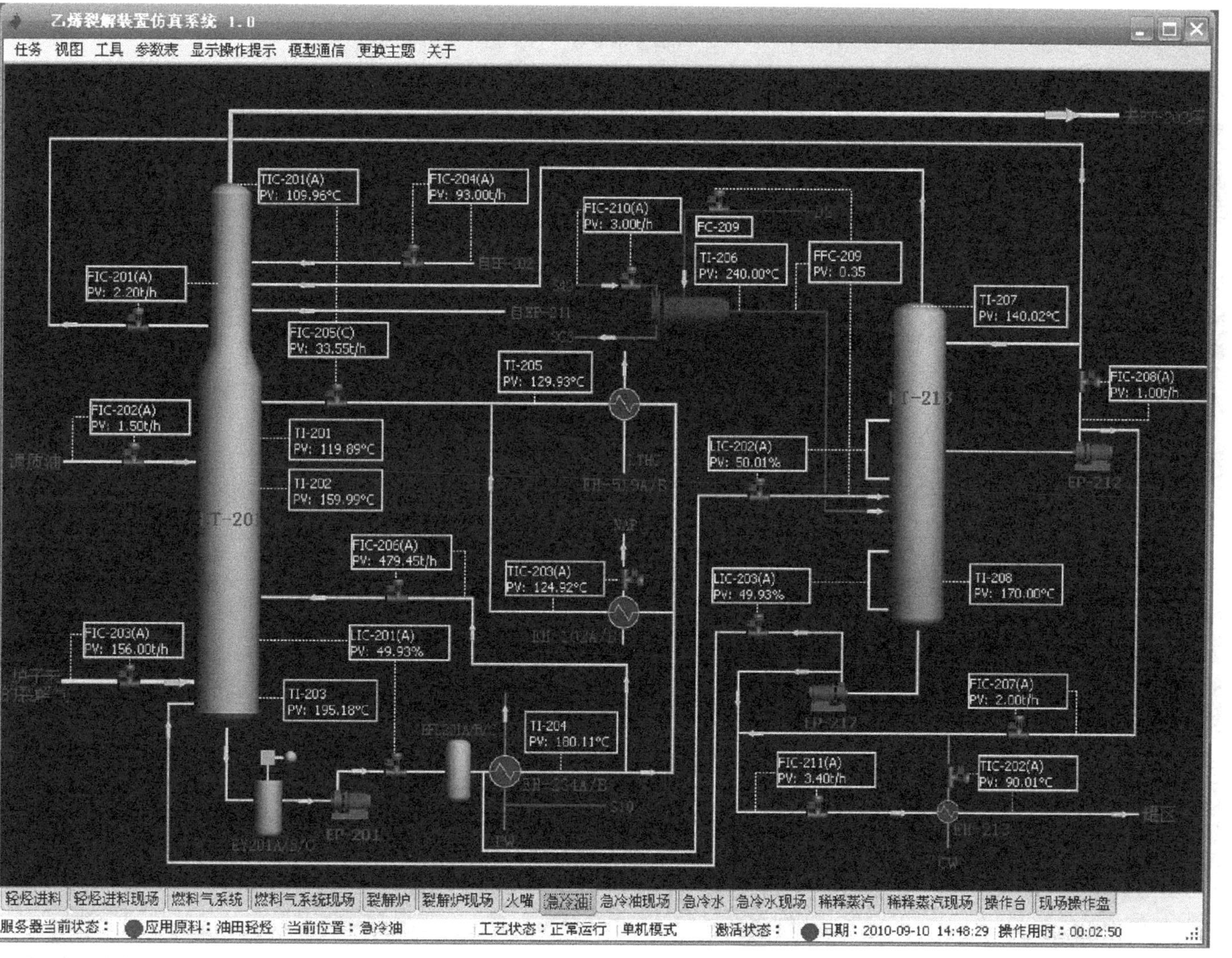

图 2-10 急冷油系统 DCS 图

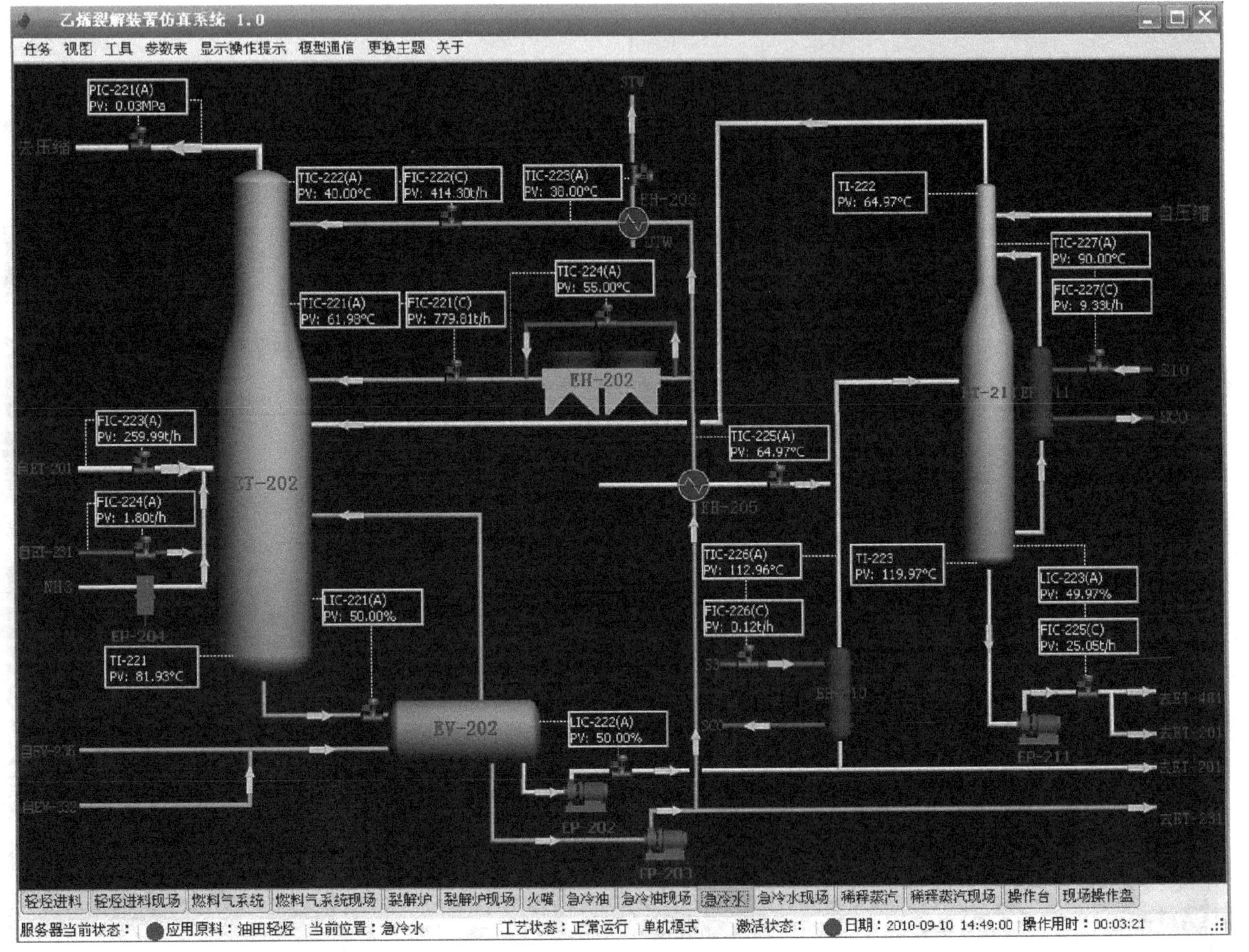

图 2-11 急冷水系统 DCS 图

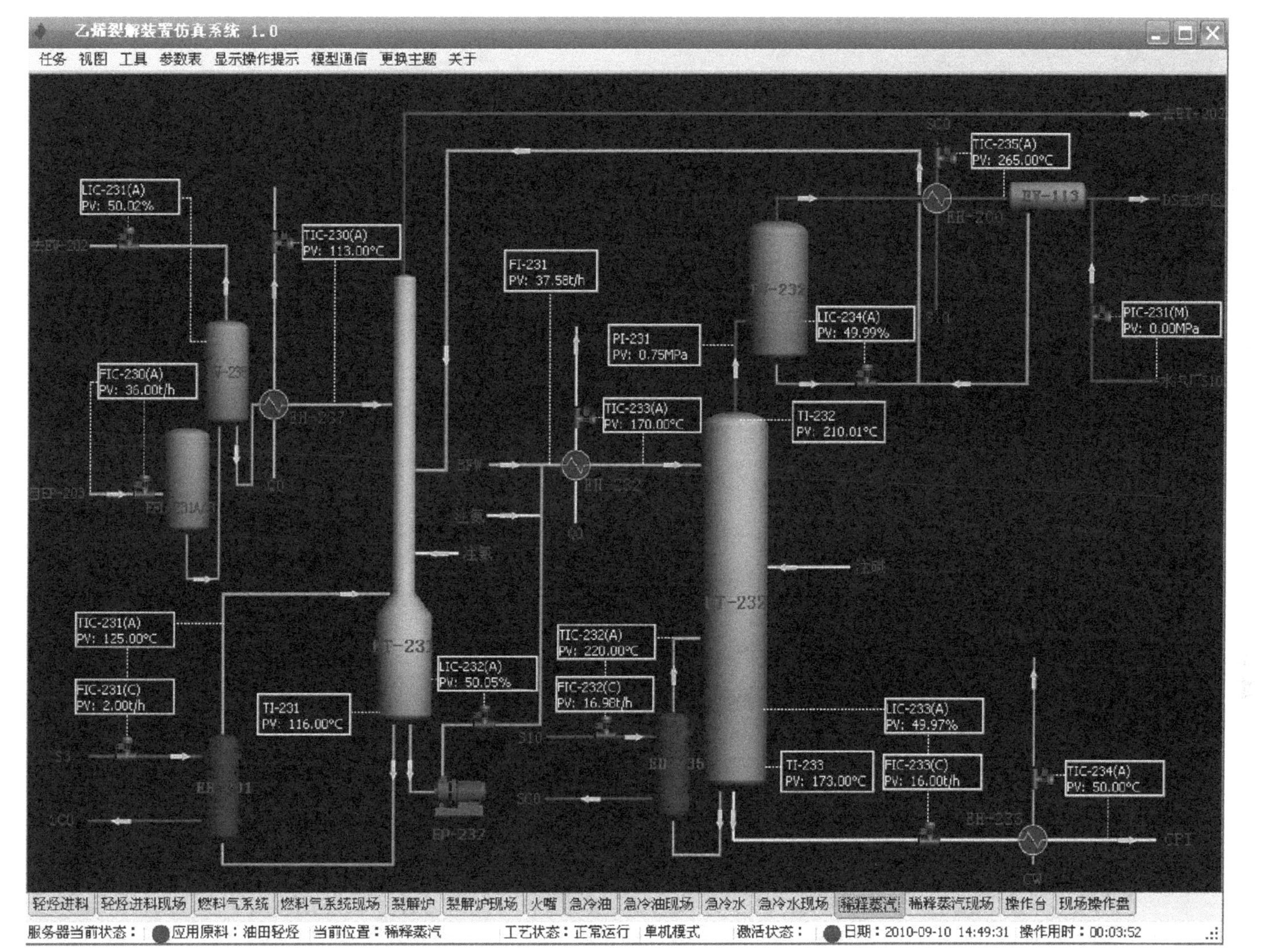

图 2-12 稀释蒸汽发生系统 DCS 图

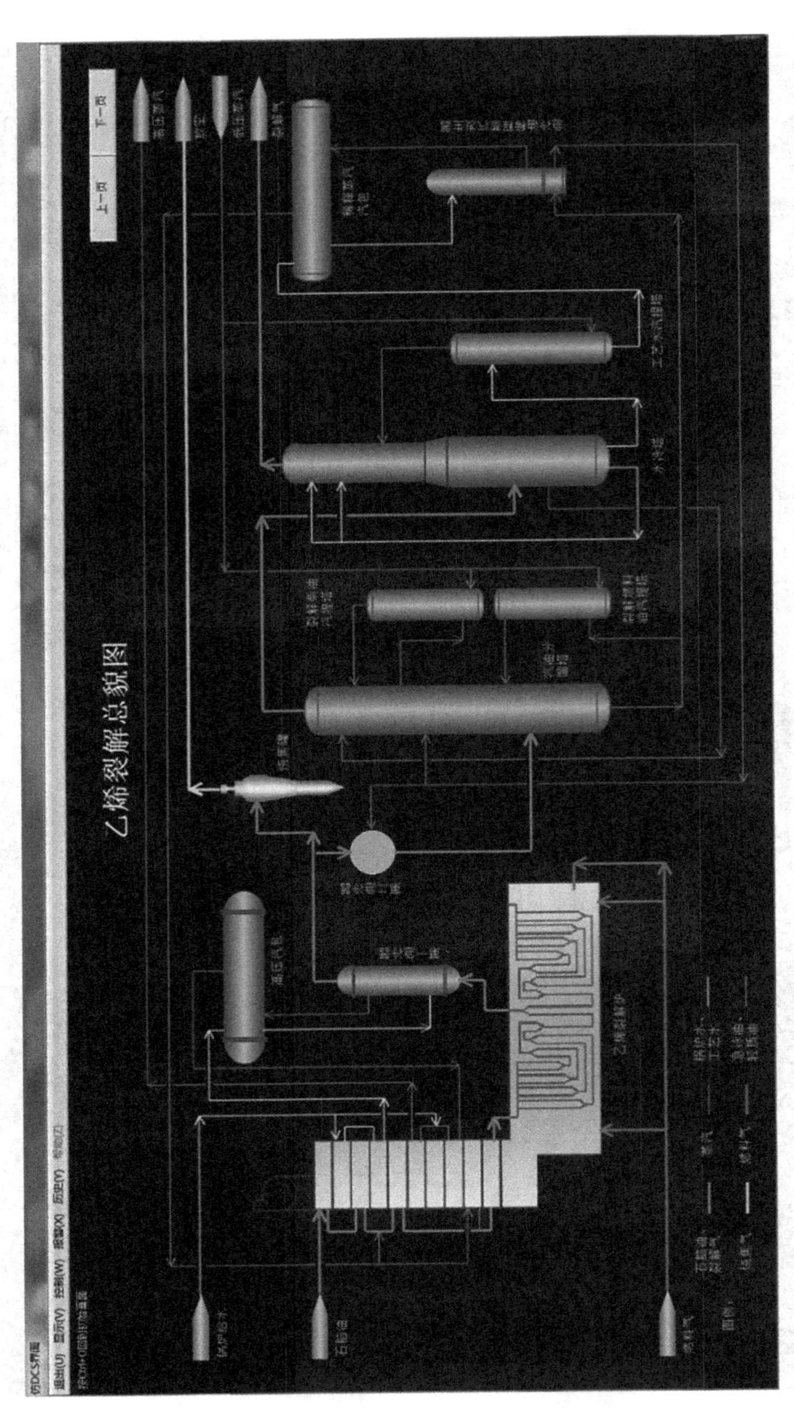

图 2-13　乙烯裂解工艺总流程图

活动三　参数控制

要实现对设备各参数的熟练、准确控制，要明确装置中主要仪表的位置及作用，根据图2-7~ 图 2-12，找出乙烯裂解装置裂解炉系统主要控制仪表，完成表 2-9。

表 2-9　乙烯裂解装置主要控制仪表

序号	1	2	3	4	5	6	7	8	9
仪表位号	FFC-101	FIC-101	FIC-102	FIC-103	LIC-101	PIC-101	PIC-102	PIC-103	TIC-101
作用									
控制指标									

活动四　开、停车操作

M2-8　乙烯裂解装置开车、停车操作规程

根据操作规程（扫描二维码，参考详细操作规程）进行 DCS 仿真系统的冷态开车、正常停车操作，并在表 2-10 中“完成否”列做好记录。

表 2-10　裂解装置仿真操作完成情况记录表

项目	序号	步骤	完成否
冷态开车	1	开工准备	
	2	燃料气系统开工	
	3	裂解炉点火烘炉	
	4	裂解炉降温检查	
	5	裂解炉升温	
	6	轻烃进料	
	7	裂解炉投料	
	8	ET-201 塔开车	
	9	ET-202 塔开车	
	10	ET-213 塔开车	
	11	ET-211 塔开车	
	12	ET-231、ET-232 塔开车	
正常停车	1	裂解炉停工	
	2	停轻烃进料	
	3	裂解炉烧焦	
	4	裂解炉停车	
	5	燃料气系统停车	
	6	ET-201、ET-213 停车	
	7	ET-202、ET-211 停车	
	8	ET-231、ET-232 停车	

巩固练习

1. 写出烃类热裂解生产乙烯的生产流程。

原料→________→________→________→________→________

乙烯→________→________

2. 烃类热裂解仿真操作过程中，重点控制的工艺操作参数有哪些?

3. 记录操作过程出现的异常现象，找出原因及调节方法。

一、填空题

1. 现今常以（　　）生产能力作为衡量一个国家和地区石油化工生产水平的标志。

2. 目前，世界上 99%左右的乙烯产量都是由（　　）法生产的，近年来我国新建的乙烯生产装置均采用此法生产。

3. 用于管式炉裂解的原料来源很广，主要有两个方面: 一是（　　）；二是（　　）。另外还有乙烯装置本身分离出来循环裂解的乙烷等。

二、选择题

1. 我国乙烯使用的原料以（　　）为主。

A. 轻柴油　　B. 加氢尾油
C. 石脑油　　D. 乙烷

2. 下列哪种物质不是由乙烯作为原料（之一）制备而成的?（　　）

A. 苯酐　　B. 氯乙烯
C. 苯乙烯　　D. 环氧乙烷

三、判断题

1. 各类烃的热裂解困难程度顺序为: 正烷烃> 异烷烃> 环烷烃（六碳环> 五碳环） > 芳烃。（　　）

2. 裂解气经压缩干燥后按碳一、碳二、碳三……顺序进行切割分离，称为顺序分离流程。（　　）

3. 裂解是将烃类原料（气或油品）在隔绝空气和高温作用下，使烃类分子发生断链或脱氢反应，生成分子量较小的烯烃、烷烃及炔烃。（　　）

四、简答题

1. 简述乙烯的物理化学性质。

2. 在管式炉裂解中，通常采用水蒸气作为稀释剂，水蒸气作稀释剂有哪些作用?

模块三

乙酸的生产

本项目基于工业生产乙酸的职业情境，学生通过查阅乙酸生产相关资料，收集技术数据，参照工艺流程图、设备图等，对乙酸生产过程进行工艺分析，选择合理的工艺条件。利用仿真软件，按照操作规程，进行反应和分离装置的开车和停车操作，在操作过程中监控仪表、正常调节机泵和阀门，遇到异常现象时发现故障原因并排除，保证生产和分离过程的正常运行，生产出合格的产品。

任务一 乙酸产品认知

任务描述

乙酸是非常重要的基本有机化学品，是乙酸乙烯、乙酸酯、对苯二甲酸等多种产品的原料，广泛应用于几乎所有工业领域。请通过查阅资料，了解乙酸有哪些性质、用途和国内外乙酸的生产现状。

任务目标

素质目标

具备资料查阅、信息检索和加工等自我学习的能力。

知识目标

了解乙酸的性质和用途。

能力目标

能及时把握乙酸的行业动态。

活动一　乙酸性质及其产品用途认知

乙酸的用途广泛，其衍生物多达几百种，渗透我们生活的方方面面，请观察周围的生活用品，从医药、农业、纺织、建筑等方面，说一说，哪些是乙酸的衍生物制品，都有什么用途。

乙酸几乎贯穿了人类整个文明史，乙酸发酵细菌能在世界的各个角落发现，通过发酵将不同的有机物转化为乙酸。普通食用醋含有3%～5%的乙酸。下面来学习乙酸的性质和用途。

乙酸，又称醋酸，无色透明液体，有刺激性气味，相对密度1.0492，熔点16.635℃，沸点117.9℃，折射率1.3716，闪点57℃，自燃点465℃，黏度11.83mPa·s，溶于水、乙醇、苯和乙醚，不溶于二硫化碳。

乙酸是一种环境友好的有机酸，是重要的化学中间体和化学反应溶剂，由其可以衍生出几百种下游产品，如醋酸乙烯单体、醋酸纤维、醋酐、乙酸酯、氯乙酸、对苯二甲酸等。乙酸被广泛用于医药、合成纤维、轻工、纺织、皮革、农药、炸药、橡胶、金属加工、食品及精细有机化学品的合成等多种工业领域，是近几年世界上发展较快的一种重要的基本有机化工原料。

1. 乙酸酯

乙酸酯（也称醋酸酯）是重要的有机溶剂，广泛应用于溶剂、增塑剂、表面活性剂及聚合物单体领域，在乙酸的消费结构中占了35%左右。随着我国环保管理的加强，在涂料、胶黏剂等产品中，乙酸酯可以代替甲乙酮、甲基异丁基酮等，尚有一定的发展空间。

M3-1　乙酸产品认识及生产现状

2. 乙酸丁酯

乙酸丁酯（BA）外观为无色透明油状液体，有水果型香味，在精细化学工业领域内占有相当高的地位，是重要的涂料和溶剂。近年来，我国房地产行业发展迅速，拉动了涂料需求量的增长，也带动了乙酸丁酯行业的发展。乙酸丁酯最主要的用途是用作漆溶剂，在用于涂膜树脂（如硝酸纤维素、乙酸丁酸纤维素、乙基纤维素、聚苯乙烯和甲基丙烯酸甲酯树脂等）时，它能提供良好的流阻和刷涂阻力。此外，它还广泛用作人造革、纺织品和塑料生产中的溶剂，也可作为石油和药物提取剂以及作为香料和合成食用香料的组分，乙酸丁酯与丁醇还常被用作脱水剂。

3. 乙酸乙烯

乙酸乙烯是世界上产量较大的有机化工原料之一，广泛用于生产聚乙酸乙烯、聚乙烯醇、涂料、浆料、黏合剂、维纶、薄膜、乙烯基共聚树脂、缩醛树脂等一系列化工和化纤产品，广泛用于各行各业。

4. 乙酸酐

乙酸酐，简称醋酐。乙酸酐主要用作乙酰化剂，也作脱水剂、溶剂。美国、日本95%的乙酸酐产量用于生产乙酸纤维，含乙酰基61.5%～62%的三乙酸纤维用于制造高强度、不燃性感光胶片，含乙酰基50%～57%的二乙酸纤维用于制造香烟滤嘴和塑料。乙酸酐还广泛用于医药、染料、农药与香料工业，也被用作许多中间体合成以及某些农药中间体必需的乙酰化剂，以及氯乙酸、乙酰氯和高级乙酸酐等乙酸衍生物的制造。乙酸酐还有很多未开发或刚开发出来的应用领域，如洗涤剂、炸药（火箭推进剂等）、液晶显示器等。

5. 精对苯二甲酸

精对苯二甲酸（PTA），在常温下是白色粉状晶体，低毒易燃，若与空气混合在一定限度内遇火即燃烧。精对苯二甲酸（PTA）与乙二醇（EG）缩聚得到聚对苯二甲酸乙二醇酯（PET），还可以与1,4-乙二醇或1,4-环己烷二甲酸反应生成相应的酯。PTA主要用于生产聚酯，而聚酯纤维是合成纤维最主要的品种，在世界合成纤维总产量中占将近80%的比例，在中国以聚酯为原料生产的聚酯纤维已经在合成纤维总产量中超过了80%的比例。聚酯还用于生产非纤维产品，目前主要用于与乙二醇酯化聚合生产聚酯切片长短涤纶纤维，广泛用于纺织。此外，聚酯还用于电影胶片、涂料及聚酯塑料的生产。

PTA的应用比较集中，世界上90%以上的PTA用于生产聚对苯二甲酸乙二醇酯，其他部分是作为聚对苯二甲酸丙二醇酯（PTT）、聚对苯二甲酸丁二醇酯（PBT）及其他产品的原料。

活动二　乙酸生产现状分析

8世纪时，波斯炼金术士贾比尔用蒸馏法浓缩了醋中的乙酸，文艺复兴时期，人们通过金属乙酸盐的干馏制备冰乙酸。直到1847年，德国化学家Kolbe才第一次用合成方法制得乙酸。1911年，德国建成第一套乙醛氧化合成乙酸的工业装置。时至今日，乙酸的生产现状如何？查阅资料，在中国地图上标记国内乙酸生产厂家，并分析目前国内的乙酸生产情况，针对乙酸未来发展趋势写一份报告。

2020年，全球乙酸产能达到2052万吨/年，产量约1367万吨。全球乙酸生产主要集中在东亚（尤其是中国）和北美地区，产业集中度高。塞拉尼斯（Celanese）是目前全球最大的乙酸生产企业，占全球产能的16%，在美国、新加坡和中国均有生产装置。全球乙酸产能分布情况如表 3-1 所示，主要生产企业现状详见表 3-2。

表 3-1　世界各地区乙酸生产情况（截至 2020 年）

序号	地区	生产能力/（万吨/年）	比例/%
1	东亚地区	1378.94	67.2
2	东南亚地区	116.96	5.7
3	北美地区	344.74	16.8
4	拉美地区	10.26	0.5
5	西欧地区	84.13	4.1
6	中东欧地区	12.31	0.6
7	俄罗斯及周边地区	20.52	1.0
8	中东地区	67.72	3.3
9	非洲地区	2.05	0.1
10	南亚地区	14.37	0.7

表 3-2　全球乙酸主要生产企业情况（截至 2020 年）

序号	企业名称	生产能力/（万吨/年）	占比/%
1	塞拉尼斯	330	16.1
2	英国石油	187.5	9.1
3	江苏索普	140	6.8
4	上海华谊	120	5.8
5	伊斯曼	109.5	5.3
6	台湾长春集团	100.8	4.9
7	山东兖矿	100	4.9
8	中国石化	93.8	4.6
9	河北建滔	60	2.6
10	华鲁恒升	50	2.4
小计		1291.6	62.9

1. 下列关于乙酸的性质描述中，错误的是（　　）。

A. 乙酸，也叫乙酸，化学式 CH_3COOH，是一种有机一元酸，为食醋的主要成分。

B. 能溶于水、乙醇、乙醚、四氯化碳及甘油等有机溶剂

C. 稀释后对金属无强烈腐蚀性

D. 1911 年，在德国建成了世界上第一套乙醛氧化合成乙酸的工业装置

2. 下列关于乙酸的安全性与防护，描述错误的是（　　）。

A. 浓度较高的乙酸具有腐蚀性，能导致皮肤烧伤、眼睛永久失明以及黏膜发炎

B. 乳胶手套可以起保护作用

C. 空气中深度浓度超标时，应佩戴防毒面具

D. 皮肤接触先用水冲洗，再用肥皂彻底洗涤

3. 关于乙酸的用途，描述错误的是（　　）。

A. 主要可用于生产乙酸乙烯、乙酸酐、乙酸酯和乙酸纤维素等

B. 乙酸还可用来合成乙酸酐、丙二酸二乙酯、乙酰乙酸乙酯、卤代乙酸等

C. 可制造药物如阿司匹林，还可以用于生产乙酸盐等

D. 乙酸具有防腐剂的作用，3%就有明显的抑菌作用

任务二 生产方法的选择

任务描述

现有一家企业计划生产乙酸产品，合成乙酸的方法很多，但当今工业上主要采用四种生产方法：乙醛氧化法、甲醇羰基合成法、低碳烷烃液相氧化法和粮食发酵法。不同的生产方法，生产原料、工艺过程、经济性等不同，假如你是该企业的一员，请根据乙酸每种生产方法的特点，为该企业推荐一种合适的生产方法。

任务目标

素质目标

具有良好的团队协作能力。

知识目标

了解乙酸的工业生产方法。

能力目标

能选择合理的生产原料及生产方法。

活动一　乙酸生产方法认知

乙酸的生产方法主要有乙醛氧化法、甲醇羰基合成法、低碳烷烃液相氧化法和粮食发酵法。查阅资料，了解乙酸的几种生产方法，并对几种生产方法进行比较，完成表3-3。

表3-3　乙酸生产方法比较

乙酸生产方法	乙醛氧化法	甲醇羰基合成法	低碳烷烃氧化法	粮食发酵法
生产原料				
生产原理				
优点				
缺点				

生产制造乙酸的原料有多种，基本原料有乙醛、甲醇、一氧化碳、裂解轻汽油以及农副产品等。

乙酸生产有乙醛氧化法、甲醇羰基合成法、淀粉发酵法、水果及其下脚料发酵法以及木材干馏法等，工业化生产方法主要有以下几种：乙醛氧化法、甲醇羰基合成法、低碳烷烃液相氧化法和粮食发酵法。

1. 乙醛氧化法

20世纪50年代以前，氧化法以乙炔为基本原料，乙炔水合成乙醛，后氧化生成乙酸，这条路线的基础是煤和天然气，原料成本相对较高。20世纪60年代以来，以乙烯为基本原料，乙烯氧化为乙醛，乙醛氧化生成乙酸。

扫一扫

M3-2　乙酸生产路线分析及选择

乙醛与空气或氧气在乙酸锰和乙酸钴催化剂存在下，液相氧化生成乙酸。反应过程中除含有未反应的乙醛外，副产物有乙酸甲酯、乙酸乙酯和甲酸等。精制过程中需添加少量高锰酸钾等氧化剂进行蒸馏，以除去少量杂质。

$$2CH_3CHO + O_2 \longrightarrow 2CH_3COOH$$

乙醛氧化法以石油为基础原料，原料成本较低，技术成熟。目前，中国在乙酸生产中，此法仍占相当比例。

2. 甲醇羰基合成法

1970年后，世界石油危机爆发，促使碳一化学工业的研究得到了迅速发展，人们都试图在寻找所有能够替代石油生产生活所必需的化学品路线，都尽可能在碳一化学工业中找到替代品。甲醇羰基化合成乙酸工艺就是其中的一个典型，人们称它为20世纪70年代以来，碳一化学工艺技术上的一次质的飞跃。

甲醇羰基合成法由美国孟山都（Monsanto）公司首创，于20世纪70年代实现工业化生产。该方法是甲醇与CO在催化剂作用下，直接合成乙酸。根据压力的高低，又分为低压羰基合成法和高压羰基合成法。前者选用铑-碘为主体催化剂，反应可以在较温和的条件下进行；后者选用钴-碘为主体催化剂，反应在较苛刻的条件下进行。

（1）低压羰基合成法　原料甲醇经预热后送入反应器底部，同时用压缩机把一氧化碳送入反应器，反应温度为175～200℃，一氧化碳分压为1～1.5MPa。反应后的产物经分离装置分离后即可得成品乙酸。以甲醇计，收率和选择性均高于99%。

$$CH_3OH + CO \longrightarrow CH_3COOH$$

（2）高压羰基合成法　甲醇与一氧化碳在乙酸水溶液中反应，以羰基钴为催化剂，碘甲烷为助催化剂，反应条件为250℃和70MPa，反应后的产物经分离系统分离后，即可得成品。以甲醇计，收率可达90%。

甲醇羰基合成法基础原料可以是煤、天然气和石油，基础原料多样化，原料来源广，催化效率高、损耗低，转化率、选择性高，产品纯度高、“三废”少，工艺技术先进。按乙酸的产量计，该法处于绝对优势，是目前乙酸生产的主流方法。

3. 低碳烷烃液相氧化法

该方法是由丁烷或石脑油及均相催化剂（乙酸钴、乙酸锰等）溶解于乙酸中，在高压下送入空气进行氧化反应，即可生成乙酸，同时副产物有甲酸、丙酸、丁酸和乙酸乙酯。甲酸、丙酸和丁酸可作为副产品回收。

氧化在液相中进行，反应温度为150～220℃，压力为4～8MPa，以钴、锰、镍、铬等的醋酸盐为催化剂。低碳烷烃液相氧化法所用原料较为广泛，价格相对便宜，但选择性低，氧化产品品种多，除甲酸外还有甲乙酮、低碳醇、醋酸酯以及深度氧化产物一氧化碳和二氧化碳，因此必须考虑副产物的回收和利用。该工艺流程较长，腐蚀严重，故仅限于有廉价丁烷或液化石油气供应的地区采用。

4. 粮食发酵法

粮食发酵法源于食醋发酵，是以淀粉为原料采用乙酸菌发酵生产乙酸的方法。由于该法以可再生资源——粮食为原料，通过生物发酵的方法生产乙酸，符合绿色化学要求，因而受到广泛重视。随着现代生物化工技术的发展，粮食发酵生产乙酸的成本也在不断降低。

活动二　乙酸生产方法选择

某公司经市场调研，乙酸产品工业需求旺盛，公司决定新建一套年产乙酸 10 万吨的生产装置。面对几条乙酸生产工艺路线，如果是你，会给公司提供什么建议，说明原因。

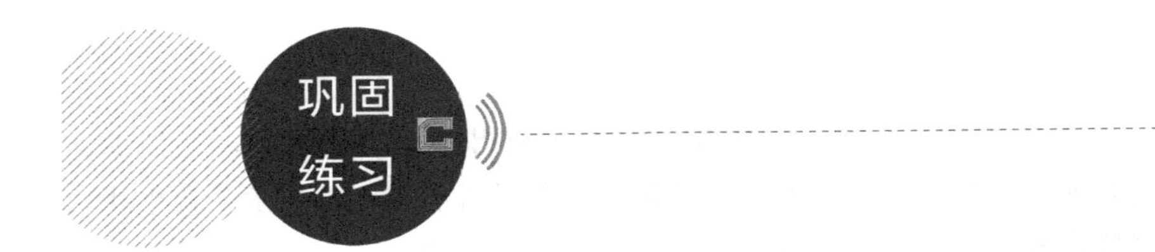

不同的生产方法，生产原料、工艺过程、经济性等不同，请讨论，如果石油价格上涨，对乙醛氧化路线和甲醇羰基合成路线有什么影响?

任务三
工艺流程的组织

任务描述

明确乙酸生产方法后，原料已确定，原料需要经过一系列单元过程转化为产品，这些单元过程按一定顺序组合起来，即构成了工艺流程。作为一名合格的一线乙酸生产技术人员，需明确乙酸生产工艺流程的组织，了解流程中关键设备的结构特点，并能正确识读工艺流程图。

任务目标

素质目标

① 具备发现、分析和解决问题的能力；

② 具备化工生产的安全、环保、节能的职业素养。

知识目标

① 掌握乙醛氧化制乙酸的工艺流程；

② 了解甲醇低压羰基合成法制乙酸的工艺流程。

能力目标

能阅读和绘制乙酸生产工艺流程图。

合成乙酸的方法主要有乙醛氧化法、甲醇羰基合成法和低碳烷烃液相氧化法。低碳烷烃液相氧化法适用于轻油含量比较高的地区，我国目前主要采用乙醛氧化法和甲醇低压羰基合成法生产乙酸。

活动一　乙醛氧化法生产乙酸工艺流程识读

乙醛氧化法生产乙酸工艺可分为氧化单元和精馏单元，在工艺流程中，共有氮气、乙酸、乙醛、氧气几种介质，请将几种介质的流程绘制在同一张 A3 图纸中，并用不同颜色的线标识。

乙醛在反应器内溶于含 0.1%锰盐乙酸溶液中，纯氧通过分布管分散在反应器中上部，反应在均相气液鼓泡情况下进行，反应热由反应器外换热器移去。工艺流程主要包括氧化单元和精馏单元，流程图见图 3-1。

M3-3　乙醛氧化法生产乙酸工艺流程

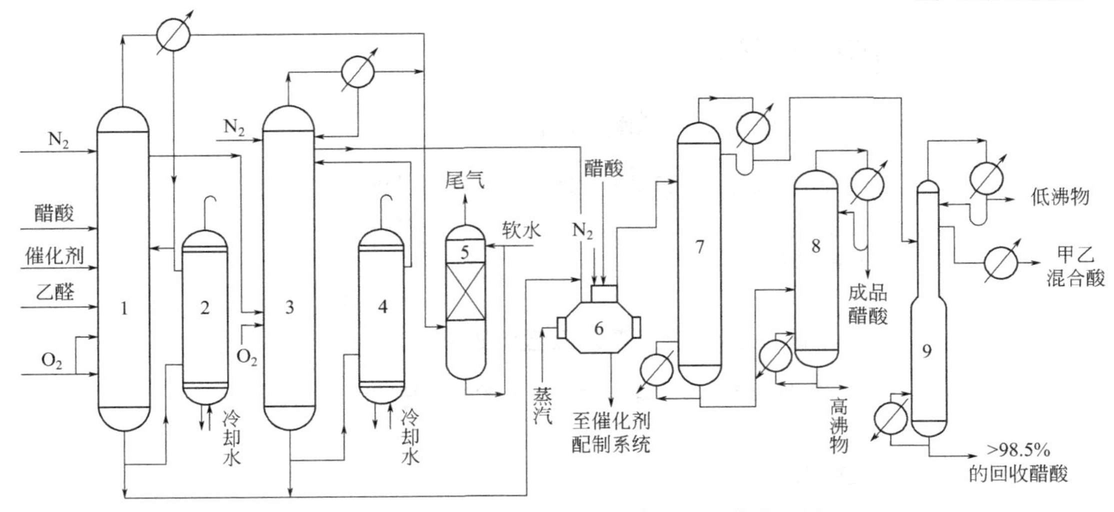

图 3-1　外冷却器型乙醛氧化生产乙酸工艺流程图

1—第一氧化塔；2—第一氧化塔冷却器；3—第二氧化塔；4—第二氧化塔冷却器；
5—尾气吸收塔；6—蒸发器；7—脱低沸物塔；8—脱高沸物塔；9—脱水塔

1. 氧化单元

两个氧化塔（设备 1 和 3）串联，其中第一氧化塔盛有含 0.1%～0.3%乙酸锰的浓乙酸，先加入适量的乙醛混匀加热，而后乙醛与纯氧按一定比例连续通入第一氧化塔进行气液鼓泡反应，中部反应区温度为 75℃，塔顶压力为 0.15MPa。反应液通过泵，输向氧化塔冷却器（设备 2）进行热交换。第一氧化塔上部溢出的含乙醛 2%～8%的氧化反应液，靠两塔间压差进入第二氧化塔（设备 3），该氧化塔盛适量的乙酸，塔顶压力维持在 0.08～0.1MPa，达到一定的液位时开始通入氧气，并维持中部反应温度在 80～85℃之间，塔底液由泵强制循环，通过氧化塔冷却器（设备 4）进行热交换。从第二氧化塔（设备 3）上部流出的反应液含乙酸大于等于 97%，含乙醛小于 0.2%，冰点大于 12℃。

在生产时，应在两个氧化塔上部连续通入纯氮稀释尾气，以防止爆炸。尾气从顶部排出后进入相应的尾气冷却器，经冷却分液后进入尾气吸收塔，用水吸收不凝气中的乙醛和乙酸。

2. 精馏单元

从第二氧化塔溢流出的粗乙酸（乙酸含量≥97%、乙醛含量<0.2%，水含量<1.5%）连续进入蒸发器，在蒸发器用少量乙酸喷淋洗涤，除去催化剂乙酸锰与部分高沸物及机械杂质。乙酸、水、甲酯、醛等易汽化的液体加热汽化后进入脱低沸物塔，催化剂乙酸锰、多聚物等难挥发性组分作为蒸发器的塔釜液排放到催化剂配制系统，经分离后循环使用。

成品精制是由脱低沸物塔与脱高沸物塔组成。物料从蒸发器汽化进入脱低沸物塔中部，从塔顶除去其中未反应的微量乙醛、水、乙酸甲酯、甲酸、甲醛等低沸物，成品乙酸及微量高沸物从脱低沸物塔底部利用塔间压差送入脱高沸物塔。从脱高沸物塔底部定量地排放含亚乙基二酸酯及微量催化剂的乙酸混合物，塔顶即得到成品乙酸。

3. 回收稀酸

低沸物由脱水塔分离吸收。每小时以一定的数量从脱低沸物塔冷凝液罐抽出向脱水塔加料，脱水塔中部侧线抽出含水的甲乙混合酸，塔釜料为含量大于 98.5%的回收乙酸，回收乙酸返回蒸馏系统，作喷淋用。

活动二　乙醛氧化法关键设备认知

在外冷却型乙醛氧化生产乙酸工艺流程中，主要设备有两个氧化塔，此外还有尾气吸收塔、蒸发器、脱低沸物塔、脱高沸物塔、脱水塔等，请分组讨论，这些设备的作用分别是什么?

乙醛氧化生产乙酸的反应为气液非均相的强放热反应，介质有强腐蚀性，反应潜伏着爆炸的危险性。工业生产中采用的氧化反应器为全混型鼓泡床塔式反应器，简称氧化塔。按照移除热量的方式不同，氧化塔有两种形式，即内冷却型和外冷却型。为使氧化塔耐腐蚀，减少因腐蚀引起的停车检修次数，乙醛氧化塔材料选用含镍、铬、钼、钛的不锈钢。

内冷却型氧化塔结构如图 3-2 所示。塔身分为多节，各节设有冷却盘管或直管传热装置，内通冷却水移走反应热以控制反应温度。氧气分几段通入，各段设有氧气分配管，氧气由分配管上小孔吹入塔中（也有采用泡罩或喷射装置的），通过分配管，使氧气均匀分布。生产过程中，在氧化塔上部留有一定的气相空间，目的是使废气在此缓冲减速，减少乙酸和乙醛的夹带量。塔的顶部设有面积适当的防爆口，并有氮气通入塔中稀释降低气相中乙醛及氧气浓度，以保证氧化过程的安全操作。内冷却型氧化塔可以分段控制冷却水和通氧量，但传热面积小，生产能力受到限制。

在大规模生产中采用的是外冷却型鼓泡床氧化塔，其结构如图 3-3 所示。该塔是一个空塔，设备结构简单，位于塔外的冷却器为列管式热交换器，制造检修远比内冷却型氧化塔方便。乙醛和乙酸锰是在塔中上部加入的，氧气分几段加入。氧化液由塔底抽出送入塔外冷却器进行冷却，移走反应热后再循环回氧化塔。氧化液溢流口高于循环液进口约 1.5m，循环液进口略高于原料乙醛进口，安全设施与内冷却型相同。

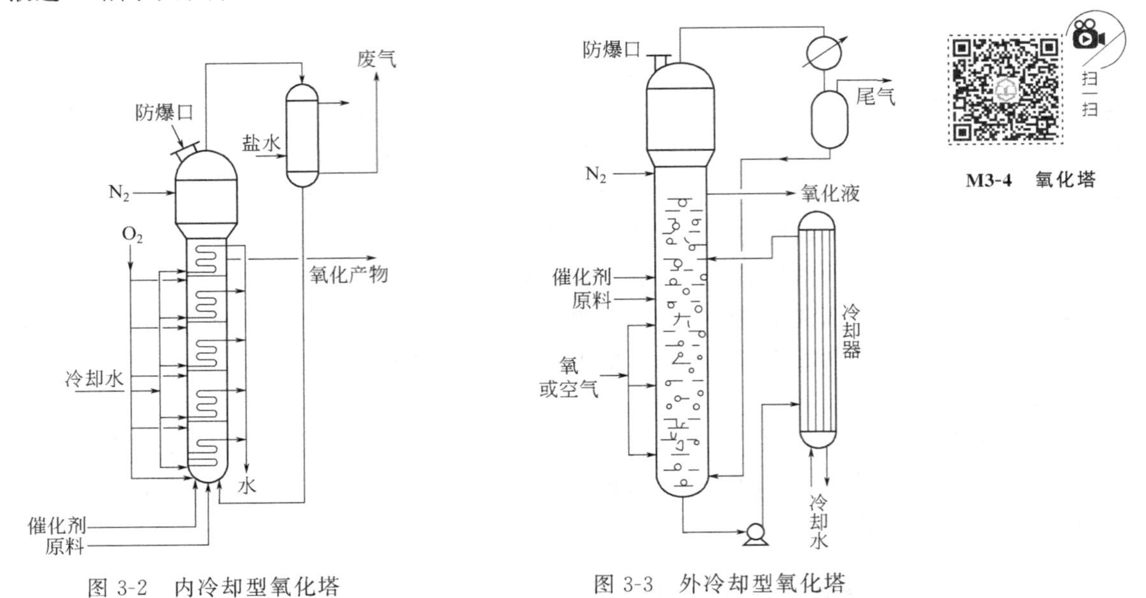

图 3-2 内冷却型氧化塔　　图 3-3 外冷却型氧化塔

活动三　低压甲醇羰基合成法工艺流程识读

低压甲醇羰基合成法生产乙酸工艺可分为反应工序、精制工序和轻组分回收工序，根据低压甲醇羰基合成法生产乙酸的工艺流程图，在图纸上绘制工艺流程框图。

低压甲醇羰基合成法生产乙酸首先由美国 Monsato 公司实现工业化，经过近 40 年的发展，不断得以改进，形成各具特色的工艺路线。该工艺是以 CO 和甲醇为反应原料，以羰基铑-碘为催化剂体系，在反应温度为 180～190℃，反应压力为 2.7～2.9MPa 等条件下，CO

和甲醇反应生成乙酸，该方法具有反应条件温和、原料价格低廉、工艺简单、乙酸收率高等优点。因为该工艺反应体系中含有大量碘化氢、乙酸等高金属腐蚀性物质，所以反应釜采用锆合金、哈氏合金等耐腐蚀材料。工艺分为反应工序、精制工序和轻组分回收工序。

1. 反应工序

甲醇低压羰基化合成乙酸流程图如图 3-4 所示。工艺反应在搅拌式反应器中进行，并且事先加入催化液。将原料甲醇加热到 185℃ 时，从反应器底部喷入，在压缩机加压到 2.47MPa 后，CO 也从反应器底部喷入。充分反应后的原料从塔侧进入闪蒸罐，含有催化剂的溶液从闪蒸罐底部流入反应器。从闪蒸罐顶部出来的水、碘甲烷、乙酸和碘化氢的蒸气进入精制工序。CO、CO_2、H_2 和碘甲烷从反应器顶部出来进入冷却器，冷凝液重新返回反应器，一部分不凝性气体送入吸收工序。将反应温度控制在 130～180℃之间，175℃为最佳。如果温度过高，二氧化碳和副产物甲烷就会增加。

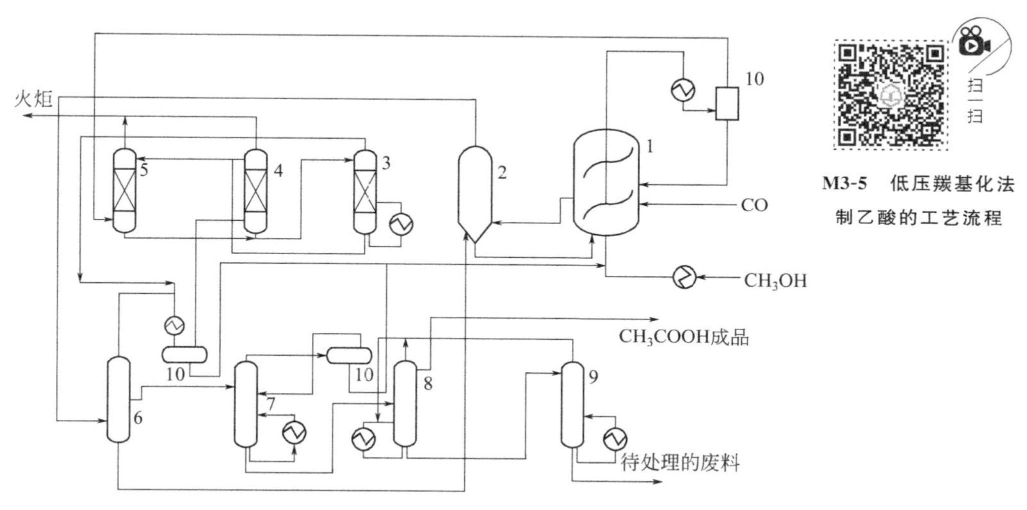

M3-5 低压羰基化法制乙酸的工艺流程

图 3-4 甲醇低压羰基化合成乙酸流程图

1—反应器；2—闪蒸罐；3—解吸塔；4—低压吸收塔；5—高压吸收塔；6—轻组分塔；7—脱水塔；8—重组分塔；9—废酸汽提塔；10—分离器

2. 精制工序

精制工序由轻组分塔、脱水塔、重组分塔、废酸汽提塔组成，各塔的主要作用如下。

（1）轻组分塔　从闪蒸罐出来的气流进入轻组分塔，蒸出物从塔顶出来经冷凝，冷凝液碘甲烷返回到反应器，而不凝性尾气送往吸收工序；乙酸、水、碘化钾等高沸物和少量的铑催化剂从轻组分塔塔底排出然后再返回闪蒸罐；而含水乙酸由轻组分塔侧线出料进入脱水塔上部。

（2）脱水塔　从脱水搭塔顶出的水还含有少量酸、碳甲烷、轻质烃，然后返回吸收工序。脱水塔底主要是含有酸的重组分，送往重组分塔。

（3）重组分塔　重组分塔也是一个精馏塔，塔顶馏出轻质烃，塔上部侧线馏出成品乙酸，含有 40%丙酸和其他高级羧酸的物料从塔底送入废酸汽提塔。

（4）废酸汽提塔　从重组分塔塔底出来的物料进入废酸汽提塔，并且从重组分中蒸出的乙酸返回重组分塔底部。从汽提塔塔底出来的废料中含有重质烃和丙酸，所以需要进一步处理。

3. 轻组分回收工序

从反应器出来的不凝气从底部进入高压吸收塔，用乙酸吸收其中的碘甲烷，吸收在加压下进行，压力为2.74MPa。未吸收的废气（主要含CO、CO_2及H_2）送到火炬焚烧。从高压吸收塔和低压吸收塔吸收了碘甲烷的两股乙酸富液，进入解吸塔汽提解吸，解吸出来的碘甲烷蒸气送到精制工序的轻组分冷却器，再返回反应工序。汽提解吸后的酸作为吸收液循环，再用作高压和低压吸收塔的吸收液。

1. 说明外冷却型鼓泡床氧化塔的工作原理。
2. 在乙醛氧化制乙酸的工艺中，说明第二氧化塔内继续通入氧气的目的。
3. 在乙醛氧化制乙酸的工艺中，蒸发器上部喷淋乙酸的目的是什么?
4. 在外冷却型乙醛氧化生产乙酸工艺流程中，说出每个设备的作用。

任务四
工艺条件的确定

任务描述

在有机化工生产过程中，工艺条件对化学反应的影响关系到生产过程的能力和效率。适宜的工艺条件可以增加原料转化率和产品收率，实现提高化工产品的质量和数量、降低生产成本的目的。在乙酸生产项目中，作为一线的操作工，应该能根据反应原理对反应过程进行动力学和热力学分析，了解影响反应过程的因素和规律，明确适宜的工艺条件。

任务目标

素质目标

具备发现、分析和解决问题的能力。

知识目标

① 掌握乙醛氧化制乙酸的生产原理和工艺条件；

② 了解甲醇低压羰基合成法制乙酸的工艺条件。

能力目标

① 能够进行乙酸生产过程中工艺条件的分析、判断和选择；

② 能够根据生产原理分析工艺条件。

活动一　乙醛氧化法生产乙酸工艺条件的确定

查阅文献，分析乙醛氧化法制乙酸过程中有哪些影响因素，了解目前国内乙醛氧化法生产乙酸的工艺条件，并根据查阅情况完成表 3-4。

表 3-4　乙醛氧化法生产乙酸工艺条件

工艺指标	工艺条件
原料配比	
反应温度	
反应压力	
氧化液的组成	
催化剂	

一、乙醛氧化制乙酸原理

主反应：

$$2CH_3CHO + O_2 \longrightarrow 2CH_3COOH$$

副反应：

$$CH_3CHO + O_2 \longrightarrow CH_3COOOH$$

$$CH_3COOH \longrightarrow CH_3OH + H_2O$$

$$CH_3OH + O_2 \longrightarrow HCOOH + H_2O$$

$$CH_3COOH + CH_3OH \longrightarrow CH_3COOCH_3 + H_2O$$

$$3CH_3CHO + O_2 \longrightarrow CH_3CH(OCOCH_3)_2 + H_2O$$

$$CH_3CH(OCOCH_3)_2 \longrightarrow (CH_3CO)_2O + CH_3CHO$$

M3-6　乙醛氧化制乙酸的反应原理

乙醛氧化制乙酸可以在气相或液相中进行，且气相氧化较液相氧化容易进行，不必使用催化剂。但是，由于乙醛的爆炸极限范围宽，生产不安全，而且乙醛氧化是强放热反应，气相氧化不能保证反应热的均匀移出，会引起局部过热，使乙醛深度氧化等副反应增多，乙酸收率低等，所以工业生产中多采用液相氧化法。

空气和氧气都可以作为乙醛氧化制乙酸的氧化剂，用空气作氧化剂，则由于大量氮气存在，使得气液接触面上形成很厚的气膜，阻隔了氧气的扩散和吸收，降低了设备利用率。此外大量氮气排放要带走乙醛，增加单耗。用氧气氧化，气流速度很小，气液界面的搅动也小，对传质不利，一般可控制氧气含量为95%左右，让5%的氮气参与搅动以达到良好的气液接触。但氧气氧化增加了空分装置，能耗较高，若用氧气氧化，应充分保证氧气和乙醛在液相中反应，以避免反应在气相进行；且在塔顶应引入氮气以稀释尾气，使尾气组成不致达到爆炸极限范围，氧化塔顶部尾气中氧含量应在5%以下。目前生产中采用氧气作氧化剂的较多。

乙醛氧化过程中易生成中间产物（过氧乙酸），在没有催化剂的存在下，过氧乙酸的分解速度很慢，会使反应系统积累过量的过氧乙酸，而过氧乙酸极易爆炸，若浓度达一定时，会突然分解引起爆炸。故工业上生产中必须解决过氧乙酸积累问题。通常采用催化剂来加速过氧乙酸的分解，控制过氧乙酸的浓度积累，可较好地消除爆炸隐患，从而实现工业化生产。

变价金属的硫酸盐和乙酸盐均可作为催化剂，如镍、锰、钴、铜等。其中钴是最活泼的，它对生成过氧乙酸所起的加速作用很强，以致过氧乙酸来不及分解而积聚引起爆炸。因此，一般采用比较不活泼的乙酸锰为催化剂。

乙酸锰的用量对乙醛吸收氧的速率有影响，乙酸锰在氧化液中的含量必须均匀合适，使生成的过氧乙酸及时分解，加快乙酸的生成，减少副反应的进行，一般情况下乙酸锰连续投料量是乙醛质量的0.08%～0.1%。

二、乙醛氧化制乙酸影响因素

乙醛液相氧化生产乙酸的过程是一个气液非均相反应，可分为两个基本过程：一是氧气扩散到乙醛的乙酸溶液界面，继而被溶液吸收的传质过程；二是在催化剂作用下，乙醛氧化为乙酸的化学反应过程。

1. 气液传质速度的影响因素

气液传质速度的影响因素主要有氧气的通入速率、氧气分布板的孔径、氧气通过的液柱高度。

氧气的通入速率在保证传质扩散的同时，还受经济性和安全性的制约，存在一适宜值。

氧气分布板的孔径，取决于气体的扩散速率、热量的传递及氧气的分配。

氧气通过的液柱高度，在一定的通氧速率条件下，氧的吸收率与其通过的液柱高度成正比。液柱高度与氧气的吸收、溶解等有关。氧气的吸收率与液柱高度之间的关系如表3-5所示。

表3-5 氧吸收率与液柱高度的关系

液柱高度/m	1.0	1.5	2.0	4.0	>4.0
氧气的吸收率/%	70	90	95～96	97～98	>98

2. 乙醛氧化速率的影响因素

乙醛氧化生产乙酸的速率与反应温度、反应压力、原料纯度、氧化液的组成、氧化介质等诸多因素有关。

(1) 反应温度　乙醛氧化制乙酸为放热反应，这些热量必须及时排出，才能使生产正常进行。一般反应温度控制在75℃左右。温度过高，反应速率加快，但副反应加剧，产物中含有大量的副产物；另外，温度升高，加剧乙醛的挥发，使大量的乙醛进入气相区域，增加了乙醛的自燃与爆炸危险；温度过低（40℃），则过氧乙酸分解不及时，易引起过氧乙酸的积累而发生爆炸。故实际生产中，应控制温度在合适的范围。同时还通入氮气，以控制过氧乙酸、乙醛等的浓度。

(2) 反应压力　操作压力对乙醛氧化（气液相反应）过程的影响需考虑气体的溶解及压力对反应速率的影响；加压有利于增加溶液的沸点以减少乙醛的损失。但升高压力会增加设备的投资费用和操作费用。实际操作压力控制在0.15MPa（表）左右。

M3-7　乙醛氧化制乙酸的工艺参数确定

(3) 原料纯度　对氧化有害的杂质有水、氯离子及铋、镁、锌、钡、锡、铅、汞等重金属离子。

乙醛氧化生成乙酸反应的特点是以自由基为链载体。阻化剂（水）的存在，会使反应速率显著下降，故应控制原料中的水含量小于0.003%，乙醛含量（质量分数）大于99.7%；另外，乙醛原料中三聚乙醛可使乙醛氧化反应的诱导期增长，并易被带入成品乙酸中，影响产品质量，故要求原料乙醛中三聚乙醛含量小于0.01%。氯离子的存在，能使乙醛局部聚合生成三聚乙醛或四聚乙醛，它们不能起氧化反应，此外氯离子会引起乙酸锰中毒。铋等重金属离子是负性很强的催化剂，能抑制过氧乙酸的生成，对反应不利。乙醇的存在，会在氧化塔内与乙酸作用生成乙酸乙酯，使单耗增加。

(4) 氧化液的组成　在一定条件下，乙醛液相氧化所得的反应液称为氧化液。其主要成分有乙醛、乙酸、乙酸锰、氧、过氧乙酸，此外还有原料带入的水分及副反应生成的乙酸甲酯、甲酸、二氧化碳等。

氧化液中乙酸浓度和乙醛浓度的改变对氧的吸收能力有较大影响。当氧化液中乙酸含量（质量分数）为82%～95%时，氧的吸收率保持在98%左右，超出此范围，氧的吸收率下降。当氧化液中乙醛含量在5%～15%时，氧的吸收率也可保持在98%左右，超出此范围，氧的吸收率下降。从产品的分离角度考虑，一般在流出的氧化液中，乙醛含量不应超过2%～5%。

(5) 氧化介质　氧化液的主要组成是乙酸、乙醛、乙酸锰、过氧乙酸、氧气及由原料带入和副反应所产生的水、甲酸、乙酸甲酯等。

氧化液主要组分乙酸和乙醛随塔的高度而变化。塔底氧化液中乙酸含量约85%左右，乙醛含量约10%。随着氧化反应的进行，乙酸浓度不断递增，乙醛浓度则相应递减。一般控制出口浓度在95%～97%，乙醛0.5%，水1.5%～2%。

活动二　甲醇低压羰基合成法生产乙酸工艺条件的确定

查阅文献，分析甲醇低压羰基合成法制乙酸过程中有哪些影响因素，了解目前国内甲醇低压羰基合成法生产乙酸的工艺条件，并根据查阅情况完成表3-6。

表 3-6 甲醇低压羰基合成法生产乙酸工艺条件

工艺指标	工艺条件
反应液组成	
反应温度	
反应压力	
催化剂	

一、甲醇低压羰基合成法合成反应机理

主反应：

$$CH_3OH + CO \longrightarrow CH_3COOH$$

副反应：

$$CH_3COOH + CH_3OH \rightleftharpoons CH_3COOCH_3 + H_2O$$

$$2CH_3OH \rightleftharpoons CH_3OCH_3 + H_2O$$

$$CO + H_2O \longrightarrow CO_2 + H_2$$

M3-8 低压羰基化法制乙酸的反应原理及条件

由于生成乙酸甲酯和二甲醚反应是可逆反应，在低压羰化条件下如将生产的副产物循环回反应器，则都能羰化生成乙酸。故使用铑催化剂进行低压羰化，副反应很少，以甲醇为基础生成乙酸选择性可高达 99%。CO 变换的副反应，在羰化条件下，尤其是在温度高、催化剂浓度高、甲醇浓度下降时，容易发生。故以 CO 为基准，生成乙酸的选择性仅为 90%。

二、甲醇低压羰基合成法工艺条件

甲醇低压羰基化合成乙酸，主要工艺条件是反应温度、反应压力和反应液组成等。

1. 反应温度

温度升高，有利于提高主反应速率，但主反应是放热反应，温度过高，会降低主反应的选择性，副产物明显增多。因此，适当的反应温度，对于保证良好的反应效果非常重要。结合催化剂活性，甲醇低压羰基化反应最佳温度为 175℃，一般控制在 130～180℃。

2. 反应压力

甲醇羰基化合成乙酸是一个气体体积减小的反应。压力增加有利于反应向乙酸方向进行，有利于提高一氧化碳的吸收率。但是，升高压力会增加设备投资费用和操作费用。因此，实际生产中，操作压力控制在 3MPa。

3. 反应液组成

反应液组成主要指乙酸和甲醇浓度。乙酸和甲醇的物质的量之比一般控制在 1.44∶1。如果物质的量之比小于 1，乙酸收率低，副产物二甲醚生成量大幅度提高。反应液中水的含量也不能太少，水含量太少，会影响催化剂活性，使反应速率下降。

知识拓展

工艺参数控制与安全意识

2006年3月29日下午，在蚌埠市龙子湖区淮河大堤上休息的人受了不小的惊吓，因为附近安徽某精细化工股份有限公司生产二部内突然散发出浓浓的酸味。居民报警后，龙子湖区东岗派出所和消防、环保部门赶到现场，控制住了气体泄漏事故。经了解，此次气体泄漏是由于该化工厂乙酸生产车间的一个存储罐垫子因压力过大被冲开，小部分工业乙酸泄漏所致。

经过此次事故教训后，该公司立马提出防范措施：

(1) 加强管理和对职工的培训教育，严格执行安全操作规程，杜绝违章作业。

(2) 严格控制设备与安装质量。

(3) 提高系统的自动化水平，采用自动联锁控制，当系统压力升高到限制时，系统自动调节，防止压力过高引起设备的破裂。

在化工生产中，工艺参数的控制与安全生产息息相关，除了本案中的压力，还有温度、投料速度和配比、杂质和副反应的控制、溢料和泄漏的控制等等。实现这些参数的自动调节和控制是保证生产安全的重要措施。

一、选择题

1. 乙醛氧化生产乙酸的气液传质速度的影响因素主要包括（　　）。

A. 氧气的通入速率　　B. 氧气分布板的孔径

C. 氧气通过的液柱高度　　D. 氧化液的组成

2. 关于乙醛氧化速率的影响因素，描述错误的是（　　）。

A. 催化剂通常采用乙酸锰，其用量为乙醛质量的 0.08%~ 0.1%

B. 加压有利于反应向生成乙酸的方向进行，因此压力越高越好

C. 反应温度一般控制在 75℃左右

D. 水、氯离子及铋、镁、锌、钡、锡、铅、汞等重金属离子对氧化有害

3. 关于甲醇低压羰基化合成乙酸的工艺条件，描述错误的是（　　）。

A. 温度升高，有利于提高主反应速率，因此，温度越高越好

B. 实际生产中，操作压力控制在 3MPa

C. 乙酸和甲醇的物质的量之比一般控制在 1.44∶1

D. 主要工艺条件是反应温度、反应压力和反应液组成等

二、简答题

1. 乙醛氧化制乙酸为什么通常在液相中进行?

2. 乙醛氧化制乙酸，为什么通常选氧气作为氧化剂?

3. 乙醛氧化法和甲醇低压羰基合成法制乙酸各有什么优缺点?

4. 在乙酸的生产过程中，应该正确控制各种工艺参数，防止超温和溢料、跑料等导致火灾、爆炸事故的发生。请结合本节课的学习，总结乙酸的安全生产应该注意哪些事项。

任务五
氧化岗位操作

任务描述

利用仿真软件，模拟乙酸生产项目的实际生产操作。通过DCS界面熟悉氧化工段的流程，熟悉设备和仪表。按照操作规程，进行氧化工段的开车和停车操作，在操作过程中监控仪表、正常调节机泵和阀门，遇到异常现象时发现故障原因并排除，保证生产过程的正常运行，生产出合格的产品。

任务目标

素质目标

① 具备按照操作规程操作、密切注意生产状况的职业素质；

② 具有团队合作能力。

知识目标

① 掌握乙醛氧化制乙酸的工艺流程；

② 掌握乙酸生产过程中的安全、卫生防护等知识。

能力目标

① 能够按照操作规程进行氧化岗位的开、停车操作；

② 能够按照操作规程控制反应过程的工艺参数；

③ 能够根据反应过程中的异常现象分析故障原因，排除故障。

活动一　流程认知

熟悉工艺流程是对装置熟练操作的前提，图 3-5 是乙醛氧化生产乙酸氧化工段的原则流程图，根据该图说明乙醛氧化生产乙酸氧化工段的加工环节、原料及产品，完成表 3-7。

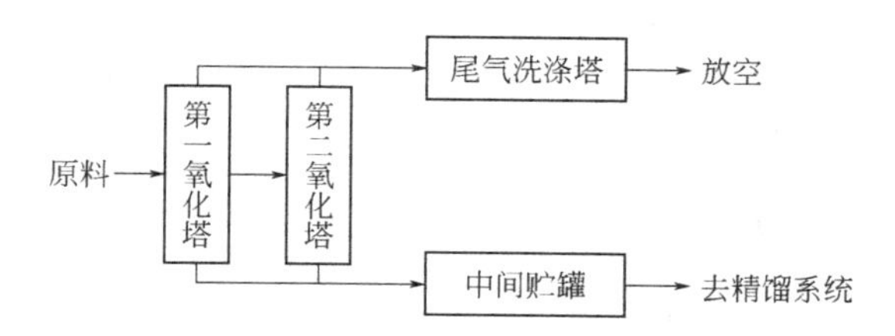

图 3-5　乙醛氧化生产乙酸氧化工段的原则流程图

表 3-7　乙醛氧化生产乙酸氧化工段加工环节、原料及产品

序号	加工环节	原料	产品
1			
2			
3			
4			
5			
6			

一、装置流程简述

M3-9　氧化工段工艺装置认知

本反应装置系统采用双塔串联氧化流程，氧化工段的总流程图如图 3-6 所示。主要装置有第一氧化塔（T101）、第二氧化塔（T102）、尾气洗涤塔（T103）、氧化液中间贮罐（V102）、洗涤液贮罐（V103）、碱液贮罐（V105）。其中 T101 是外冷式反应塔，反应液由循环泵从塔底抽出，进入换热器中以水带走反应热，降温后的反应液再由反应器的中上部返回塔内；T102 是内冷式反应塔，它是在反应塔内安装多层冷却盘管，管内以循环水冷却。

乙醛和氧气首先在全返混型的反应器——第一氧化塔（T101）中反应（催化剂溶液直接进入 T101 内），然后到第二氧化塔（T102）中，通过向 T102 中加氧气，进一步进行氧化反应（不再加催化剂）。第一氧化塔（T101）的反应热由外冷却器（E102A/B）移走，第二氧化塔（T102）的反应热由内冷却器移除，反应系统生成的粗乙酸送往蒸馏回收系统，制取乙酸成品。

蒸馏采用先脱高沸物，后脱低沸物的流程。粗乙酸经氧化液蒸发器（E201）脱除催化剂，在脱高沸物塔（T201）中脱除高沸物，然后在脱低沸物塔（T202）中脱除低沸物，再经过成品蒸发器 E206 脱除铁等金属离子，得到产品乙酸。

从脱低沸物塔（T202）顶出来的低沸物去脱水塔（T203）回收乙酸，含量 99%的乙酸又返回精馏系统，塔 T203 中部抽出副产物混酸，T203 塔顶出料去甲酯塔（T204）。甲酯塔塔顶产出甲酯，塔釜排出废水去中和池处理。

二、氧化系统流程简述

第一氧化塔 DCS 图、第二氧化塔 DCS 图、尾气洗涤塔和中间贮罐 DCS 图如图 3-7～图 3-9 所示。

乙醛和氧气按配比流量进入第一氧化塔（T101），氧气分两个入口入塔，上口和下口通氧量比约为 1∶2，氮气通入塔顶气相部分，以稀释气相中氧和乙醛。

乙醛与催化剂全部进入第一氧化塔，第二氧化塔不再补充。氧化反应的反应热由氧化液冷却器（E102A/B）移去，氧化液从塔下部用循环泵（P101A/B）抽出，经过冷却器（E102A/B）循环回塔中，循环比（循环量∶出料量）约为 110～140∶1。冷却器出口氧化液温度为 60℃，塔中最高温度为 75～78℃，塔顶气相压力为 0.2MPa（表），出第一氧化塔的氧化液中乙酸浓度在 92%～95%，从塔上部溢流去第二氧化塔（T102）。

第二氧化塔为内冷式，塔底部补充氧气，塔顶也加入氮气，塔顶压力为 0.1MPa（表），塔中最高温度约为 85℃，出第二氧化塔的氧化液中乙酸含量为 97%～98%。

第一氧化塔和第二氧化塔的液位显示设在塔上部，显示塔上部的部分液位（全塔高 90%以上的液位）。

出氧化塔的氧化液一般直接去蒸馏系统，也可以放到氧化液中间贮罐（V102）暂存。中间贮罐的作用是：正常操作情况下作氧化液缓冲罐，停车或发生事故时存氧化液，乙酸成品不合格需要重新蒸馏时，由成品泵（P402）送来中间罐贮存，然后用泵（P102）送蒸馏系统回炼。

两台氧化塔的尾气分别经循环水冷却的冷却器（E101）中冷却，冷凝液主要是乙酸，带少量乙醛，回到塔顶，尾气最后经过尾气洗涤塔（T103）吸收残余乙醛和乙酸后放空，洗涤塔下部为新鲜工艺水，上部为碱液，分别用泵（P103、P104）循环。洗涤液温度为常温，洗涤液含乙酸达到一定浓度后（70%～80%），送往精馏系统回收乙酸，碱洗段定期排放至中和池。

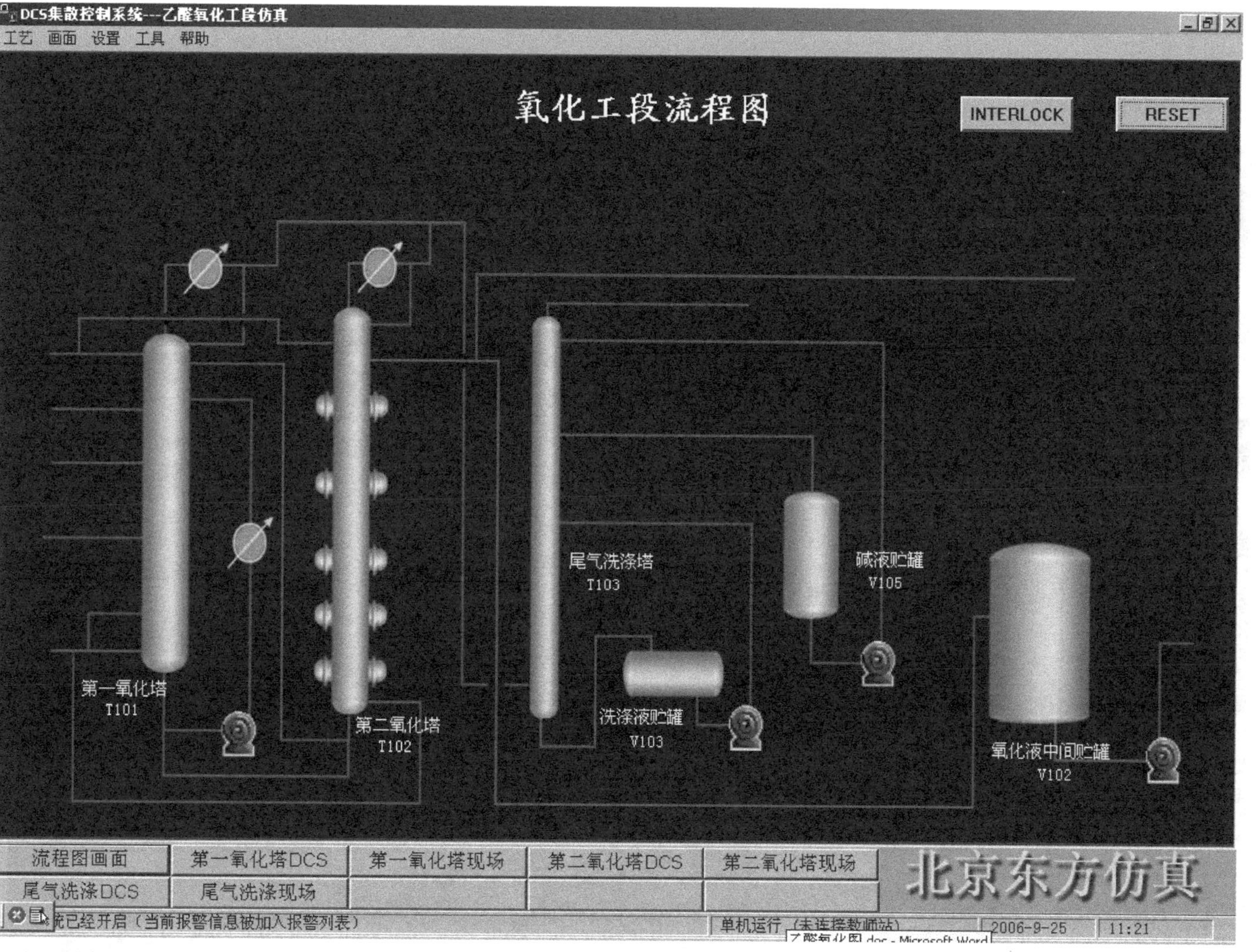

图 3-6 氧化工段总流程图

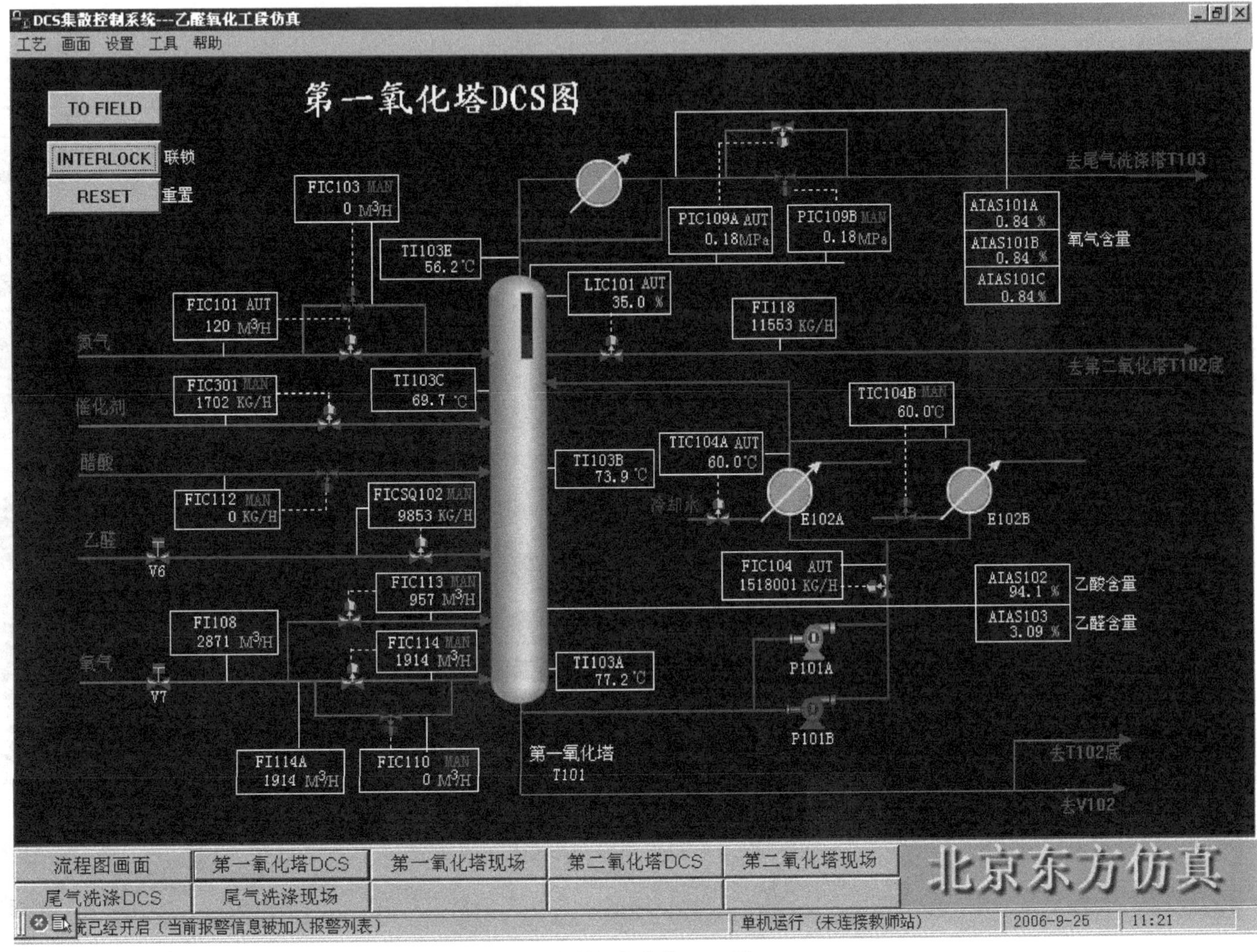

图 3-7 第一氧化塔 DCS 图

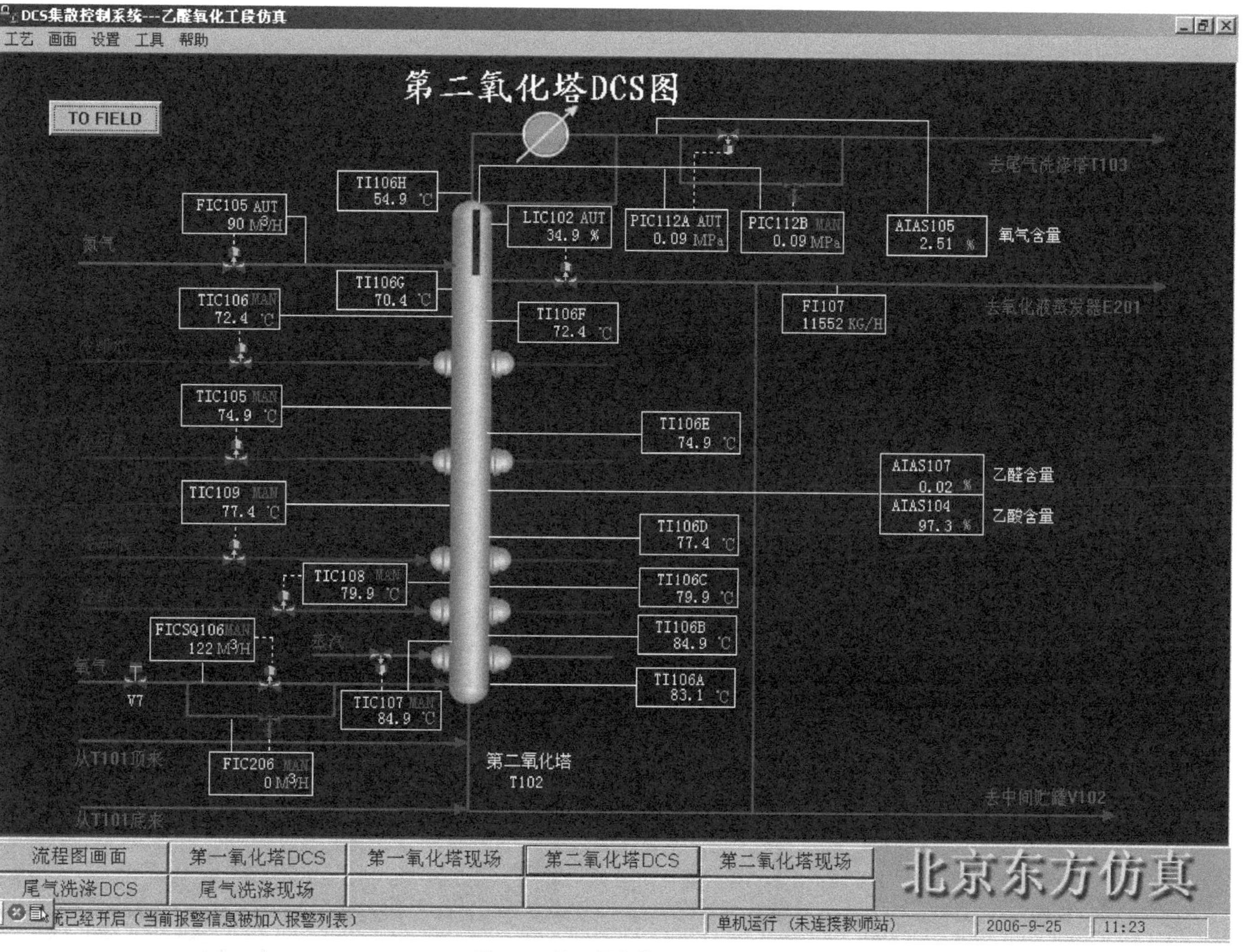

图 3-8 第二氧化塔 DCS 图

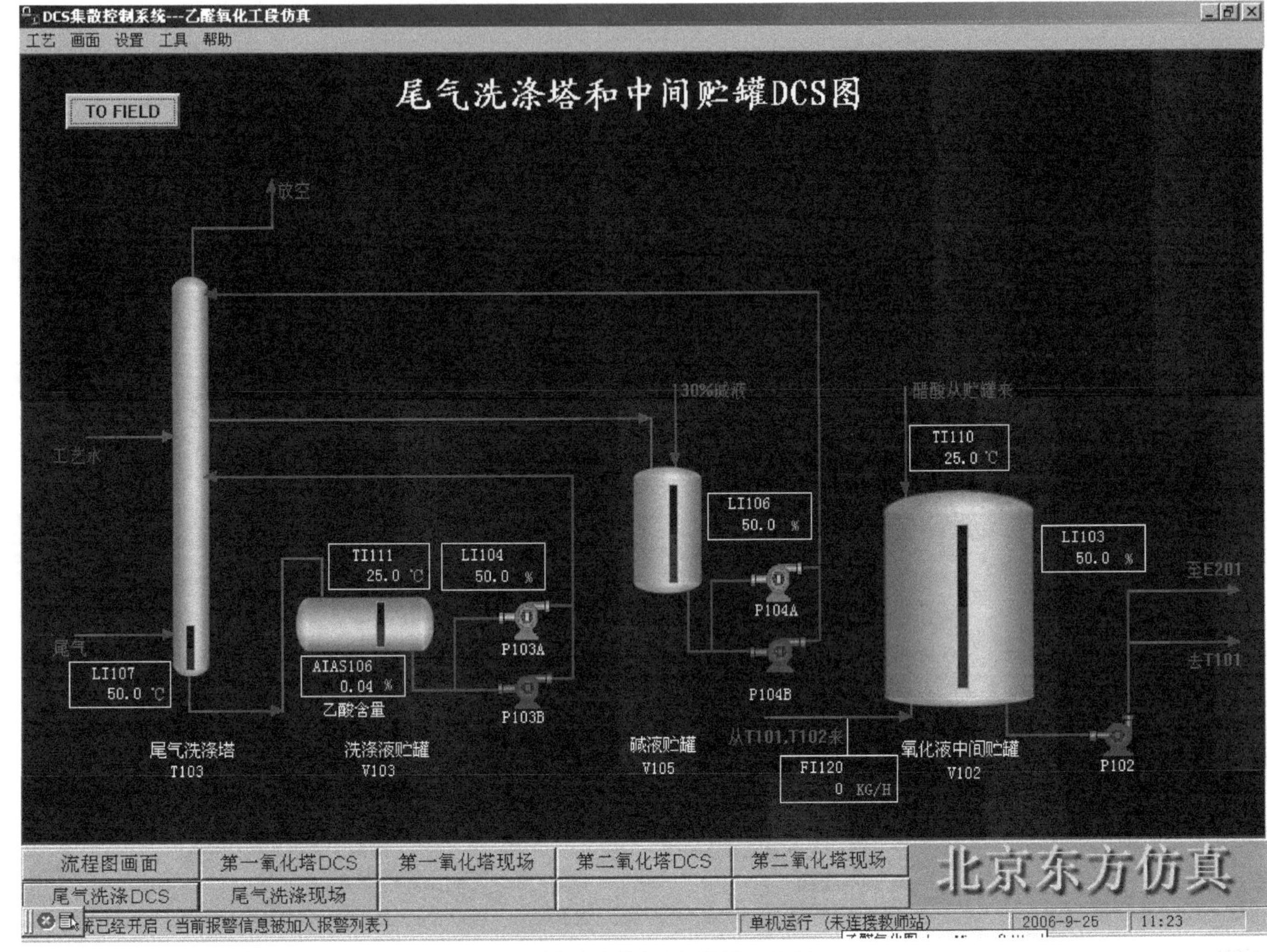

图 3-9 尾气洗涤塔和中间贮罐 DCS 图

活动二 设备认知

根据乙醛氧化生产乙酸氧化工段总流程图，找出装置中的主要设备，分析设备各进出物料的组成，完成表 3-8。

表 3-8 乙醛氧化生产乙酸氧化工段主要设备表

序号	设备名称	流入物料	流出物料	设备主要作用
1				
2				
3				
4				
5				
6				

活动三 参数控制

明确装置中主要仪表的位置及作用是实现对设备各参数熟练准确控制的必要条件，根据仿真操作界面 DCS 图，找出氧化工段主要仪表，完成表 3-9。

表 3-9 乙醛氧化生产乙酸装置氧化工段主要仪表

序号	仪表位号	作用	控制指标	单位
1	PIC109A/B			
2	PIC112A/B			
3	TI103A			
4	TI103B			
5	TI103C			
6	TI103E			
7	TIC104A/B			
8	TI106A			
9	TI106B			
10	TI106C			
11	TI106D			
12	TI106E			
13	TI106F			
14	TI106G			
15	TI106H			
16	LIC101			

续表

序号	仪表位号	作用	控制指标	单位
17	LIC102			
18	FIC101			
19	FIC105			
20	AIAS102			
21	AIAS103			
22	AIAS104			
23	AIAS107			
24	AIAS101A			
25	AIAS105			
26	AIAS106			

活动四　开、停车操作

M3-10　氧化工段开、停车操作规程

M3-11　氧化工段冷态开车

根据操作规程（扫描二维码，参考详细操作规程）进行 DCS 仿真系统的冷态开车、正常停车操作，并在表 3-10 中“完成否”列做好记录。

表 3-10　氧化工段开、停车仿真操作完成情况记录表

项目	序号	步骤	完成否
冷态开车	1	开车前准备	
	2	建立循环	
	3	配制氧化液	
	4	第一氧化塔投氧开车	
	5	第二氧化塔投用	
	6	吸收塔投用	
	7	氧化系统出料	
	8	调至平衡	
正常停车	1	氧化塔停车	
	2	洗涤塔停车	

活动五　事故处理操作

M3-12　氧化工段事故处理操作规程

根据操作规程（扫描二维码，参考详细操作规程）进行 DCS 仿真系统的事故处理操作，并完成表 3-11。

表 3-11 氧化工段事故处理方案

事故现象	事故原因	处理方法
P101A 出口压力低，流量变小	泵内有部件坏掉	开备用泵 P101B

1. 某企业在乙酸生产过程中，发现塔顶压力升高，请分析可能的原因，并找到解决的方法，在仿真软件中进行模拟操作。

2. 在乙醛氧化制乙酸的氧化工段操作中，重点控制的工艺操作参数有哪些?

任务六 精制岗位操作

任务描述

某车间已通过乙醛氧化法生产出一批乙酸粗产品，要求分离精制车间将这批粗产品进行分离精制。以班组形式组织活动，利用仿真软件模拟精制工段的开车、停车操作。在操作过程中监控现场仪表、正确调节现场机泵和阀门，遇到异常现象时发现故障原因并排除，保证装置的正常运行。

任务目标

素质目标

① 具备按照操作规程操作、密切注意生产状况的职业素质；

② 具有团队合作能力。

知识目标

掌握乙醛氧化制乙酸分离过程的原理和工艺流程。

能力目标

① 能够按照操作规程进行精制岗位的开车、停车操作；

② 能够按照操作规程控制精制过程的工艺参数；

③ 能够根据反应过程中的异常现象分析故障原因，排除故障。

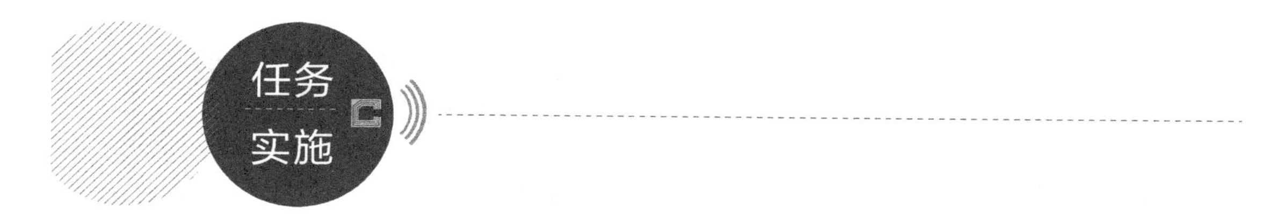

活动一　精制工段流程认知

图 3-10 是乙醛氧化生产乙酸精制工段的原则流程图，根据该图说明乙醛氧化生产乙酸精制工段的加工环节、原料及产品，完成表 3-12。

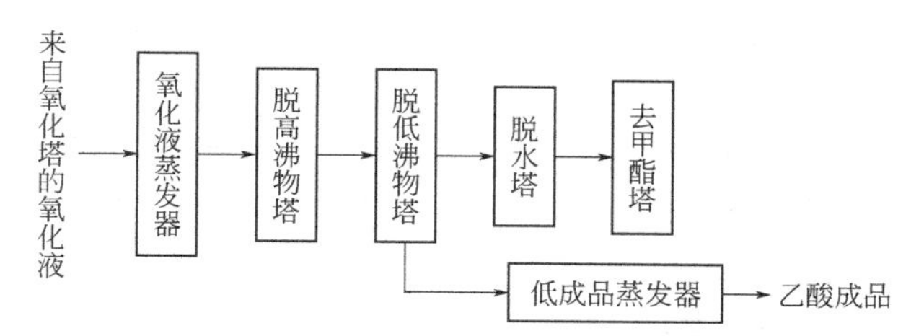

图 3-10　乙醛氧化生产乙酸精制工段原则流程图

表 3-12　乙醛氧化生产乙酸精制工段加工环节、原料及产品

序号	加工环节	原料	产品
1			
2			
3			
4			
5			
6			

从氧化塔来的氧化液进入氧化液蒸发器（E201），乙酸等以气相去脱高沸物塔（T201），蒸发温度 120～130℃。蒸发器上部装有四块大孔筛板，用回收乙酸喷淋，减少蒸发气体中夹带的催化剂和胶状聚合物等，以免堵塞管道和蒸馏塔塔板。乙酸锰和多聚物等不挥发物质留在蒸发器底部，定期排入高沸物贮罐（V202），一部分去催化剂系统循环使用。

脱高沸物塔常压蒸馏，塔釜液为含乙酸 90%以上的高沸物混合物，排入高沸物贮罐，去高沸物回收塔（T205）。塔顶蒸出乙酸和全部低沸点组分（乙醛、酯类、水、甲酸等）。回流比为 1∶1，乙酸和低沸物去脱低沸物塔（T202）分离。

脱低沸物塔也常压蒸馏，回流比为 15∶1，塔顶蒸出低沸物和部分乙酸，含酸为 70%～

80%，去脱水塔（T203）。

M3-13 精制工段工艺装置认知

脱低沸物塔塔釜的乙酸已经分离了高沸物和低沸物，为避免铁离子和其他杂质影响质量，在成品蒸发器（E206）中再进行一次蒸发，经冷却后成为成品，送进成品贮罐（V402）。

脱水塔同样常压蒸馏，回流比为20∶1，塔顶蒸出水和酸、醛、酯类，其中含酸<5%，去甲酯塔（T204）回收甲酯。塔中部甲酸的浓集区侧线抽出甲酸、乙酸和水的混合酸，由侧线液泵（P206）送至混酸贮罐（V405）。塔釜为回收酸，进入回收贮罐（V209）。

脱水塔顶蒸出的水和酸、醛、酯进入去甲酯塔回收甲酯，甲酯塔常压蒸馏，回流比为8.4∶1。塔顶蒸出含86.2%（质量分数）的乙酸甲酯，由P207泵送往甲酯罐（V404）塔底。含酸废水放入中和池，然后去污水处理场。正常情况下进回收罐，装桶外送。

含大量酸的高沸物由高沸物输送泵（P202）送至高沸物回收塔（T205）回收乙酸，常压操作，回流比为1∶1。回收乙酸由泵（P211）送至脱高沸物塔（T201），部分回流到高沸物回收塔（T205），塔釜留下的残渣排入高沸物贮罐（V406）装桶外销。

活动二　设备认知

图3-11是乙醛氧化生产乙酸精制工段总流程图，找出装置中的主要设备，分析设备各进出物料的组成，根据该图完成表3-13。

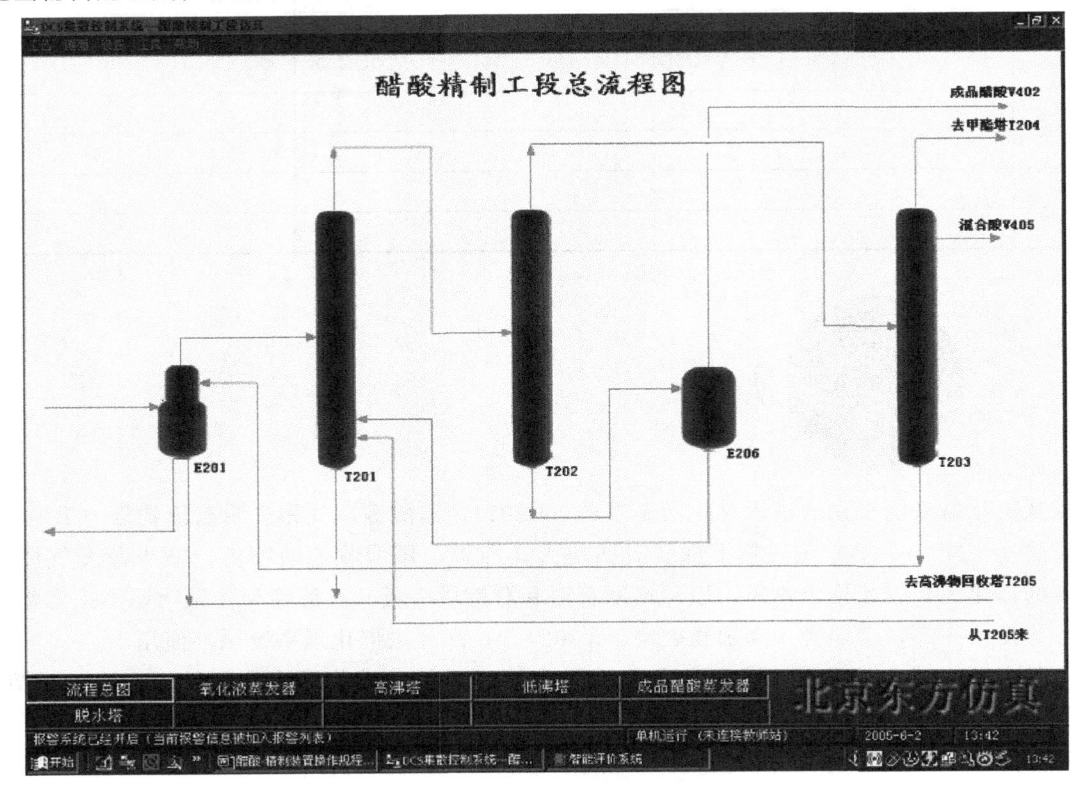

图3-11　乙醛氧化生产乙酸精制工段总流程图

表 3-13　乙醛氧化生产乙酸精制工段主要设备表

序号	设备名称	流入物料	流出物料	设备主要作用
1				
2				
3				
4				
5				

活动三　参数控制

要实现对设备各参数的熟练、准确控制，需明确装置中主要仪表的位置及作用，根据仿真操作界面 DCS 图，找出精制工段主要仪表，完成表 3-14。

表 3-14　乙醛氧化生产乙酸精制工段主要仪表

序号	仪表位号	作用	控制指标	单位
1	PIC-106			
2	PIC-515			
3	PIC-109A/B			
4	PIC-112A/B			
5	TR-103-1			
6	TR-103-2			
7	TR-103-3			
8	TR-103-5			
9	TIC-104A/B			
10	TR-106-1			
11	TR-106-8			
12	LIC-101			
13	LIC-102			
14	FIC-101			
15	FIC-105			
16	PIC-503			
17	PI-202			
18	TR-201			
19	TR-201-4			

续表

序号	仪表位号	作用	控制指标	单位
20	TR-201-6			
21	TR-204-1			
22	TR-204-3			
23	TR-207-4			
24	TR-207-3			
25	TR-211-1			
26	TR-211-3			
27	TR-211-4			
28	TR-211-6			
29	PI-401A/B			
30	LI-401A/B			
31	TI-402A-E			
32	LI-402A-E			
33	TI-401A/B			

活动四　开、停车操作

M3-14　精制工段冷态开车

M3-15　精制工段开、停车操作规程

根据操作规程（扫描二维码，参考详细操作规程）进行 DCS 仿真系统的冷态开车、正常停车操作，并在表 3-15“完成否”列做好记录。

表 3-15　精制工段开、停车仿真操作完成情况记录表

项目	序号	步骤	完成否
冷态开车	1	换热器投入循环水	
	2	E201 进酸	
	3	出料到 T201	
	4	泵 P201 建立回流并出料到 T202	
	5	泵 P203 建立回流并出料到 T203	
	6	T202 出料到 E206	
	7	回流泵 P205 建立全回流	
正常停车	1	过程 1	
	2	过程 2	
	3	过程 3	
	4	过程 4	

活动五　事故处理操作

扫一扫

M3-16　精制工段事故处理操作规程

根据操作规程（扫描二维码，参考详细操作规程）进行 DCS 仿真系统的事故处理操作，并完成表 3-16。

表 3-16　精制工段事故处理方案

事故现象	事故原因	处理方法
T201 塔液面波动较大，无法自控	蒸汽加热自动调节失灵	① 手动控制调节阀； ② 手动控制冷却水阀； ③ 控制回流量

某企业在乙酸精制过程中，发现 T201 塔内温度波动大，其他方面都正常，请分析可能的原因，并找到解决的方法，在仿真软件中进行模拟操作。

一、选择题

1. 合成乙酸的方法，下面不正确的是（　　）。

A. 乙醛氧化法　　B. 低碳烷烃液相氧化法

C. 甲醇羰基合成法　　D. 乙醇羰基合成法

2. 在甲醇羰基化法制乙酸的生产中，很多公司开发了不同种类的催化剂，其中（　　）体系采用最多。

A. 羰基铑-碘催化剂体系　　B. 铱催化剂

C. 钴催化剂　　D. 镍催化剂

3. 乙醛氧化生产乙酸的气液传质速度的影响因素不包括（　　）。

A. 氧气的通入速率　　B. 氧气分布板的孔径

C. 氧气通过的液柱高度　　　　　　　　D. 氧化液的组成

4. 乙醛氧化生产乙酸的乙醛氧化速率的影响因素不包括（　　）。

A. 氧气的通入速率　　　　　　　　　　B. 反应温度

C. 反应压力　　　　　　　　　　　　　D. 氧化液的组成

5. 关于外冷却型鼓泡床氧化塔，描述错误的是（　　）。

A. 该塔是一个空塔，设备结构简单

B. 乙醛和乙酸锰是在塔中上部加入的，氧气分数段加入

C. 在大规模生产中采用的是外冷却型鼓泡床氧化塔

D. 塔身分为多节，各节设有冷却盘管或直管传热装置

6. 乙醛氧化法制乙酸，氧化工段操作过程中，发现第一氧化塔塔顶压力升高，可能的原因为（　　）。

A. T101 塔顶管路不畅　　　　　　　　B. T101 内温度升高

C. 乙醛压力升高　　　　　　　　　　　D. 泵内有部件坏掉

7. 1911 年，在（　　）建成了世界上第一套乙醛氧化合成乙酸的工业装置。

A. 法国　　　　B. 德国　　　　C. 英国　　　　D. 美国

8. 新工人学徒或实习生进入装置前，必须进行（　　）三级教育，经考核合格才能进入装置。

A. 车间、班组、师傅　　B. 厂、车间、班组　　C. 学校、企业、班组

二、判断题

1. 乙酸产品在低于 16.6℃时呈冰状晶体，故称冰乙酸。（　　）

2. 乙醛氧化制乙酸，反应温度越高越好。（　　）

3. 乙醛氧化制乙酸，氧气的吸收率与氧气通过液柱的高度成正比。（　　）

3. 在大规模乙醛氧化生产乙酸的装置中采用的是内冷却型鼓泡床氧化塔。（　　）

4. 乙醛相对于乙酸，闪点和自燃点低，爆炸极限范围宽，因此更危险。（　　）

三、简答题

1. 工业生产中乙醛氧化制乙酸采用最多的方法是液相氧化法吗?

2. 简单说明乙酸工业在有机化学工业中的地位。

3. 若在乙酸生产装置上发生中毒事故，应采取哪些必要措施?

四、综合题

说明外冷却型鼓泡床氧化塔的工作原理。

模块四

环氧乙烷的生产

本项目基于工业上环氧乙烷生产的职业情境，学生个体作为环氧乙烷生产的现场操作工，以生产班组形式，通过查阅环氧乙烷生产的相关资料，收集技术数据，参照工艺流程图、设备图等，对环氧乙烷生产过程进行工艺分析，选择合理的工艺条件。熟悉反应岗位和分离岗位的操作原则，树立安全生产意识。

任务一
环氧乙烷产品认知

任务描述

环氧乙烷在乙烯衍生物中占全世界乙烯的消费分配仅次于聚乙烯和聚氯乙烯，是一种重要的有机化工产品。环氧乙烷主要用于生产乙二醇、乙醇胺及非离子表面活性剂等。请通过查阅资料，了解环氧乙烷有哪些性质和用途以及国内外环氧乙烷的生产现状。

任务目标

素质目标

具备资料查阅、信息检索和加工等自我学习能力。

知识目标

了解环氧乙烷的性质和用途。

能力目标

能及时把握环氧乙烷的行业动态。

活动一　环氧乙烷用途认知

扫一扫

M4-1　环氧乙烷认识及生产路线选择

环氧乙烷作为一种重要的有机化工产品，在我们生活的方方面面都有广泛应用，请观察周围的生活用品，从医药、农业、纺织、建筑等各方面，说一说，哪些是环氧乙烷的衍生物制品，都有什么用途。

环氧乙烷，又称氧化乙烯，简称 EO，分子式 C_2H_4O，是最简单的环醚，属于杂环类化合物。环氧乙烷在低温下为无色透明液体，在常温下为无色带有醚刺激性气味的气体。与水可以任何比例混溶，能溶于醇、醚及大多数有机溶剂。在空气中的爆炸极限（体积分数）为 3%～100%。

环氧乙烷的三元环结构不稳定，内部张力很大，分子中的环氧结构极易与许多含有活泼氢的化合物进行开环加成反应。例如，环氧乙烷水合生产乙二醇，是目前工业生产乙二醇的主要方法；与氨反应可以生产一乙醇胺、二乙醇胺和三乙醇胺；与氯化氢反应生产卤化乙醇等。

环氧乙烷的用途十分广泛，可用作有机化工原料及溶剂，主要用于生产乙二醇、乙醇胺及非离子表面活性剂。环氧乙烷有杀菌作用，对金属不腐蚀，无残留气味，因此可用作材料的气体杀菌剂。环氧乙烷易与酸作用，可作为抗酸剂添加于某些物质中，从而降低这些物质的酸度或者使其长期不产生酸性。环氧乙烷自动分解时能产生巨大能量，可以作为火箭喷气推进器的动力。此外，环氧乙烷还可用作合成洗涤剂、抗冻剂、增韧剂、增塑剂、熏蒸剂、涂料增稠剂、乳化剂、胶黏剂和纸张上浆剂等。

活动二　国内外环氧乙烷生产现状分析

全球约三分之二的环氧乙烷用于生产单体乙二醇（EG），其余的用于生产其他多元醇，如二乙二醇、三乙二醇和多乙二醇，还可生产洗涤剂乙氧基化合物、乙醇胺、乙二醇醚、熏蒸剂和药物的消毒剂等。请查阅资料，在中国地图上标记国内环氧乙烷生产厂家，并分析目前国内的环氧乙烷生产情况，并针对环氧乙烷未来发展趋势写一份报告。

一、世界环氧乙烷生产现状

世界上环氧乙烷主要生产装置集中在亚洲、北美、中东、非洲及西欧等地区，主要生产厂家有DOW、Shell、SABIC及BASF公司。目前DOW公司是世界最大的环氧乙烷生产商，其生产能力达到278.1万吨/年，占世界总产能的14.6%，其次是Shell公司，产能为127万吨/年，SABIC公司居第三位，产能为111万吨/年。2018年世界各地区环氧乙烷生产能力见表4-1。

表4-1　2018年世界各地区环氧乙烷生产能力

国家或地区	产能/（万吨/年）	国家或地区	产能/（万吨/年）
北美	514.6	中东	738.3
美国	345.3	印度次大陆	153.0
加拿大	128.5	东北亚	1238.7
墨西哥	40.8	中国	476
南美	54.3	日本	90.7
西欧	292.8	韩国	136.5
中欧	11.5	其他	1.0
独联体和波罗的海国家	63.5	东南亚	199.7

二、我国环氧乙烷生产现状

环氧乙烷易燃易爆，不宜长途运输，因此有强烈的地域性。2018年我国环氧乙烷产能为476万吨（见表4-2），实际产量仅281万吨左右，装置开工率约为66.5%。据不完全统计，未来几年国内环氧乙烷产能将继续快速增长。

近几年我国环氧乙烷民营企业大量参与，商品环氧乙烷产能迅速扩张，产能过剩情况日益严峻。如表4-2所示，当前我国环氧乙烷产能中以中石化、中石油为主要供应商，民企中以三江化工、泰兴金燕、江苏斯尔邦为代表。从供应量来看，国有石油化工企业合计产能为232.5万吨，占比49%，民营化工企业产能总计157万吨，占比33%。

表4-2　2018国内环氧乙烷主要生产商产能

生产企业	生产能力（万吨/年）	生产企业	生产能力（万吨/年）
中石化	170.5	泰兴金燕	26
中石油	62	中海壳牌	21
三江化工	50	奥克化学（扬州）	20

续表

生产企业	生产能力（万吨/年）	生产企业	生产能力（万吨/年）
江苏斯尔邦	18	吉林众鑫	12
福建联合	18	联泓昊达	12
南京德纳	16	其他	50.5
合计	476		

1. 关于环氧乙烷的物理性质，说法不正确的是（　　）。

A. 能与水以任意比例互溶　　B. 易燃

C. 在流动状态下不易挥发　　D. 无色有刺激性气味

2. 关于环氧乙烷的用途，下列说法正确的是（　　）。

A. 生产乙醇　　B. 用作防冻剂　　C. 生产乙酸　　D. 生产醇醚

3. 浓度为（　　）的环氧乙烷水溶液接触皮肤会严重灼伤皮肤，溅入眼内会引起结膜炎甚至失明。

A. 5%～10%　　B. 10%～15%　　C. 15%～20%　　D. 40%～80%

4. 下列关于环氧乙烷中毒的临床症状，说法不正确的是（　　）。

A. 口中有咸味　　B. 剧烈头痛　　C. 呼吸困难　　D. 恶心、呕吐

5. 环氧乙烷正确的贮存方法是（　　）。

A. 常温常压　　B. 低温常压

C. 低温、0.2MPa 的压力　　D. 常温高压

6. 环氧乙烷在空气中的爆炸极限范围为（体积百分比）（　　）。

A. 50%～100%　　B. 30%～100%　　C. 3%～90%　　D. 3%～100%

7. 下列关于环氧乙烷的化学性质不正确的说法是（　　）。

A. 环氧乙烷可以和盐酸发生反应　　B. 环氧乙烷可以和苯发生反应

C. 环氧乙烷可以发生聚合反应　　D. 环氧乙烷不能发生还原反应

8. 在一定条件下，乙二醇发生分子内脱水生成（　　）。

A. 乙醛　　B. 乙酸　　C. 乙醇　　D. 环氧乙烷

任务二 生产方法的选择

任务描述

对于环氧乙烷的生产，工业上主要有氯醇法和乙烯直接氧化法。不同的方法，工艺过程、收益成本、环保性等各不同，针对不同生产任务要求，首先应该确定一条合适的工艺路线。

任务目标

素质目标

具备资料查阅、信息检索和加工等自我学习能力。

知识目标

① 了解环氧乙烷工业生产方法；

② 掌握乙烯直接氧化法生产环氧乙烷的工艺原理；

③ 了解环氧乙烷的生产技术现状及进展。

能力目标

① 能及时把握环氧乙烷的行业动态；

② 能选择合理的生产原料及生产方法。

活动一　环氧乙烷生产方法认知

目前，工业生产环氧乙烷的方法主要有氯醇法和乙烯直接氧化法两类。乙烯直接氧化法包括空气直接氧化法和氧气直接氧化法。请查阅资料，了解这几种环氧乙烷的生产方法，并对几种生产方法进行比较，完成表4-3。

表4-3　环氧乙烷生产方法比较

环氧乙烷生产方法	氯醇法	空气直接氧化法	氧气直接氧化法
生产原料			
生产原理			
优点			
缺点			

一、氯醇法

环氧乙烷早期采用氯醇法工艺生产，20世纪20年代初，美国联合碳化物公司（Union Carbide Corporation，简称UCC）进行了工业化生产。

氯醇法的生产原理是首先由氯气和水进行反应生成次氯酸，再与乙烯反应生成氯乙醇，然后氯乙醇用石灰乳皂化生成环氧乙烷粗品，再经分馏、精制得到环氧乙烷产品。氯醇法的特点是使用时间比较早，乙烯的利用率较高。但是，在生产过程中存在消耗氯气、排放大量污水，造成环境污染的问题。此外，乙烯次氯化生产氯乙醇时，副产二氧化碳等副产物，在氯乙醇皂化时生产的环氧乙烷可异构化为乙醛，造成环氧乙烷损失，乙烯单耗高。氯醇法生产环氧乙烷，由于装置小、产量少、质量差、消耗高，因而成本也高，与大装置氧化法生产的高质量产品相比已失去了市场竞争能力。

二、乙烯直接氧化法

乙烯直接氧化法，包括空气直接氧化法和氧气直接氧化法。

美国 UCC 公司于 1937 年建成第一个空气直接氧化法生产环氧乙烷的工厂。空气直接氧化法是用空气作氧化剂，为防止空气中有害杂质带入反应器而影响催化剂的活性，在生产中设有空气净化装置。空气直接氧化法的特点是由两台或多台反应器串联，包括主反应器和副反应器，为使主反应器催化剂的活性保持在较高水平（63%～75%），通常以低转化率操作（20%～50%）。

以氧气直接氧化法生产环氧乙烷技术是由 Shell 公司于 1958 年首次实现工业化的。此法是采用制备纯氧或有其他氧源作氧化剂。由于用纯氧作氧化剂，连续引入系统的惰性气体大为减少，未反应的乙烯基本上可完全循环使用。从吸收塔顶出来的循环气必须经过脱碳以除去二氧化碳，然后循环返回反应器，否则二氧化碳质量超过 15%，将严重影响催化剂的活性。

与空气直接氧化法比较，氧气直接氧化法工艺流程较短，设备较少，建厂投资少；催化剂选择性高，催化剂需要量少；收率高，乙烯单耗较低；反应温度低，对催化剂寿命的延长和维持生产的平稳操作较为有利；在同样生产规模的前提下，氧气直接氧化法需要较少的反应器，而且，反应器都是并联操作，空气直接氧化法需要有副反应器，以及二次吸收和汽提塔等，增加了设备投资。氧气直接氧化法无论是在生产工艺、生产设备、产品收率、反应条件上都具有明显的优越性，因此目前世界上的环氧乙烷生产装置普遍采用氧气直接氧化法生产。

知识拓展

创新与可持续发展意识

宁东能源化工基地原本是毛乌素沙地边缘的一块荒原，随着众多煤化工企业的进驻，如今崛起成为科技创新的高地。作为全球单套规模最大的煤制油项目，国能集团宁夏煤业有限责任公司年产 400 万吨煤制油项目通过国产化技术攻关，打破了国外对煤制油化工核心技术的垄断，提高了我国煤炭清洁利用能力。

目前，宁东基地以科技创新带动全面创新，每年安排不少于 7000 万元资金，健全政、产、学、研、用“五位一体”创新机制，引导和支持企业加大研发投入，形成可持续的创新能力。2018 年，宁东基地全社会研发投入强度达 1.8%，科技进步贡献率达 52.5%。

如今，宁东基地“以煤为头、以化为尾”的现代煤化工产业集群加快形成，已布局建设年产 190 万吨煤制烯烃、40 万吨煤制乙二醇、60 万吨合成润滑油、15 万吨液体石蜡等煤制油副产品增值利用精细化工产业项目。在提升大宗煤化工原材料的规模和质量、强化原料成本优势的同时，正做大做强“现代煤化工、精彩在宁东”的特色品牌。2018 年，宁东基地精细化工率从 7.3%上升至 13.2%。

活动二　环氧乙烷生产方法选择

某公司经市场调研，环氧乙烷产品工业需求旺盛，公司决定年产环氧乙烷 5 万吨。面对两条生产工艺路线，如果是你，会给公司提供什么建议，说明原因。

请查阅系列资料并讨论，如果氧气价格上涨，对空气直接氧化路线和氧气直接氧化路线有什么影响。

任务三 工艺流程的组织

任务描述

明确生产路线后，原料已确定，原料需要经过一系列单元过程转化为产品，这些单元过程按一定顺序组合起来，即构成了工艺流程。作为一名合格的一线化工生产技术人员，要明确生产工艺，明确生产设备的操作顺序和工艺流程。

任务目标

素质目标

① 具备发现、分析和解决问题的能力；

② 具备化工生产的安全、环保、节能的职业素养。

知识目标

① 掌握乙烯氧化制环氧乙烷的工艺流程；

② 掌握环氧乙烷生产过程中的安全知识。

能力目标

能阅读和绘制环氧乙烷生产工艺流程图。

活动一　环氧乙烷生产工艺流程识读

氧气直接氧化法因具有反应选择性好、催化剂生产能力大、投资省、能耗低等特点，常用于大规模生产装置，环氧乙烷装置主要由乙烯氧化反应，循环气压缩，二氧化碳脱除，环氧乙烷吸收、解吸和再吸收，环氧乙烷精馏系统组成。请在A3图纸上绘制乙烯氧化生产环氧乙烷工艺流程图，并以小组为单位，描述工艺流程。

根据所采用氧化剂的不同，乙烯直接氧化工艺分为空气直接氧化法和氧气直接氧化法。其中，氧气直接氧化法常用于大规模生产装置。只有生产规模小时才采用空气直接氧化法。目前，Shell、SD及UCC公司为直接氧化法生产技术的主要拥有者，其中UCC公司是全球最大的环氧乙烷生产商。

M4-2　环氧乙烷生产原理及工艺流程

乙烯氧化生产环氧乙烷工艺流程图见图4-1。

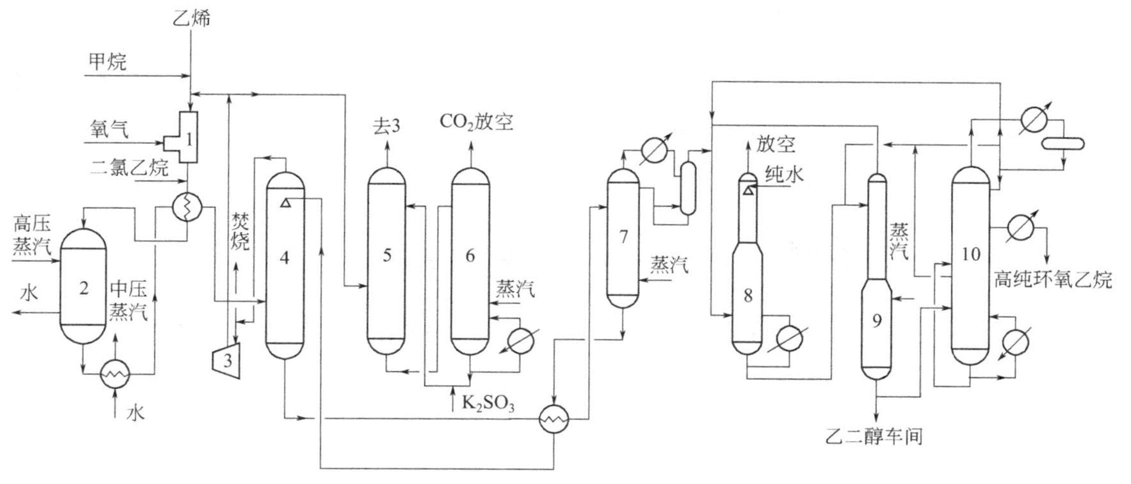

图4-1　乙烯氧化生产环氧乙烷工艺流程图

1—原料混合器；2—反应器；3—循环压缩机；4—环氧乙烷吸收塔；5—二氧化碳吸收塔；
6—碳酸钾再生塔；7—环氧乙烷解吸塔；8—环氧乙烷再吸收塔；
9—乙二醇原料解吸塔；10—环氧乙烷精制塔

1. 氧化反应系统

原料乙烯、氧气和致稳甲烷在原料混合器中汇合，混合气中乙烯和氧控制一定的浓度，再加入微量抑制剂（二氯乙烷），通过气-气热交换器管程与反应器出口气体换热后，进入填充银催化剂的列管式固定床反应器，在银催化剂的作用下，在一定的温度和压力下，进行氧化反应生产环氧乙烷。反应器采用加压热水沸腾移热，并副产高压蒸汽。

从反应器下部出来的生成气体经换热器降温后，进入环氧乙烷吸收塔。在这里与贫循环水逆流接触，吸收其中的环氧乙烷和其他一些反应产物。未被吸收的塔顶气体回到循环压缩机的入口，以补充压力损失。经循环压缩机增压后的循环气，大部分直接循环到反应气原料系统，少部分先送到二氧化碳脱除系统脱除 CO_2，再经循环压缩机出口返回反应器原料系统，以维持循环气的 CO_2 含量不变。

2. CO_2 脱除系统

来自循环压缩机气量（大约为循环气量 10%）的气体进入 CO_2 吸收塔，在此与来自碳酸钾再生塔的热碳酸钾溶液接触，CO_2 经化学吸收，即碳酸钾与 CO_2 反应生成碳酸氢钾，未反应的气体返回到循环气系统。来自 CO_2 吸收塔塔釜的富碳酸氢钾溶液，经过减压阀减压后进入再生塔，闪蒸析出部分 CO_2，通过加热使碳酸氢钾还原为碳酸钾，放出 CO_2。

3. 环氧乙烷解吸和再吸收系统

来自环氧乙烷吸收塔的富循环水，经换热、减压闪蒸后进入环氧乙烷解吸塔顶部，环氧乙烷以及其他轻组分和不凝气体被解吸。被解吸出来的环氧乙烷和水蒸气进入环氧乙烷再吸收塔被水吸收，并调整加水量，以保持环氧乙烷再吸收塔塔釜液中含 10%（质量分数）的环氧乙烷，将此塔釜液送到乙二醇原料解吸塔。

4. 环氧乙烷精制系统

在乙二醇原料解吸塔中，用蒸汽加热进一步汽提，除去水溶液中的二氧化碳和氮气，塔釜液即可作为生产乙二醇的原料或再精制为高纯度的环氧乙烷产品。在环氧乙烷解吸塔中，由于少量乙二醇的生成，具有起泡趋势，易引起液泛，生产中要加入少量消泡剂。

环氧乙烷精制塔直接以蒸汽加热，上部脱甲醛，中部脱乙醛，下部脱水。靠塔顶侧线采出质量分数大于 99.99%的高纯度环氧乙烷产品，中部侧线采出含少量乙醛的环氧乙烷并返回乙二醇原料解吸塔，塔釜液返回精制塔中部，塔顶馏出含有甲醛的环氧乙烷，返回乙二醇原料解吸塔以回收环氧乙烷。

活动二　环氧乙烷生产关键设备认知

环氧乙烷生产装置的安全稳定运行，需要装置中各个设备的正常运转和配合，要对装置熟练操作，也要熟悉各个设备的作用及位置。请根据乙烯氧化生产环氧乙烷工艺流程图，找出装置中的主要设备，完成表 4-4。

表 4-4　乙烯氧化生产环氧乙烷典型设备表

序号	设备名称	设备作用

续表

序号	设备名称	设备作用

一、重点部位

1. 环氧乙烷反应系统

乙烯和氧在银催化剂作用下，通过固定床反应器发生乙烯氧化反应，主反应生成环氧乙烷，副反应生成二氧化碳。用导热油或水移出反应热。N_2 或 CH_4 为致稳气，用来稀释乙烯与氧气的混合浓度使之保持在爆炸极限范围以外。由于反应温度、压力、杂质、反应物配比等因素都会对环氧乙烷反应过程产生影响，反应条件十分苛刻，操作不当会出现燃烧甚至爆炸的事故，因此该系统设置三十多个联锁，以确保装置的安全。

2. 环氧乙烷罐区

环氧乙烷是装置的主要产品之一，爆炸极限范围为3%～100%，沸点为10.7℃，性质非常活泼。因而在生产、储存、装车、运输过程中要严格执行相关的安全规章制度。环氧乙烷产品要求是在 N_2 封情况下低温（5℃）储存，若发生泄漏，喷溅在身上会发生冻伤，遇见火星将引起着火爆炸。

二、重点设备

1. 环氧乙烷反应器

乙烯直接法氧化反应器的结构类似于列管式换热器，为固定管板的立式反应设备。环氧乙烷反应器的典型结构如图4-2所示。

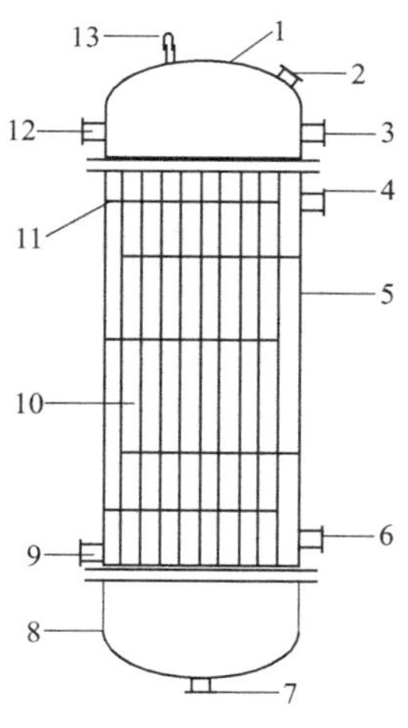

图4-2　环氧乙烷反应器示意图
1—上封头；2—防爆口；
3，12—原料入口；4—载热体入口；
5—外壳；6—载热体出口；
7—反应器出口；8—下封头；
9—载热体放净口；10—列管；
11—折流板；13—催化剂床层测温孔

（1）环氧乙烷反应器异常生产现象——“尾烧”现象　在反应器出口端，如果催化剂粉末随气流带出，会促进生成的环氧乙烷进一步深度氧化和异构化为乙醛，这样既增加了环氧乙烷的分离提纯难度，又降低了环氧乙烷的选择性，而且反应放出的热量会使出口气体温度迅速升高，带来安全上的问题，这就是所谓的“尾烧”现象。

目前工业上采用加冷却器或改进反应器上下封头的方法来加以解决。

（2）反应器的日常维护

① 随时检查反应状况是否正常。

② 反应器无超温、超压等异常情况，出现异常及时调整。

③ 反应器及接管上的安全附件齐全灵敏、准确可靠。

④ 与反应器相关的仪表测量、联锁保护系统工作正常。

⑤ 保温层无破损、脱落、潮湿现象，出现问题及时修补。

⑥ 反应器无泄漏。

⑦ 反应器与相邻构件无异常振动、响声、相互摩擦。

⑧ 定期检查，保证倒淋畅通，循环气无带液现象。

⑨ 按照操作进行运行状况的定时巡查，同时设备人员每天至少巡回检查一次。

2. 循环气压缩机

循环气压缩机为装置的“心脏”，若出现问题不能运转，装置只能停工。因而机组的运行状况对保证装置的安全生产非常重要。

3. 冷冻机

冷冻机为环氧乙烷产品低温储存冷冻液降温，若出现问题不能运转，环氧乙烷产品不能储存，精馏系统只能停工，对装置经济效益影响很大。

4. 特殊阀门

氧气混合站电磁阀属于特殊阀门，是影响装置开车或联锁停车的执行系统。电磁阀动作要求灵敏、迅速，其中联锁发生时负责切断进料和打开放空的阀门要求0.2s动作，以保证反应系统联锁后安全停车。

1. 简述乙烯氧化生产环氧乙烷的工艺流程，说出装置中的主要设备及其作用。
2. 请画出乙烯氧化生产环氧乙烷装置中环氧乙烷反应器的示意图。

任务四
工艺条件的确定

任务描述

在化工生产过程中，工艺条件对化学反应的影响关系到生产过程的能力和效率。对于环氧乙烷的生产，选择完合适的生产路线后，明确工艺条件尤为重要。

任务目标

素质目标

具备发现、分析和解决问题的能力。

知识目标

① 熟悉乙烯氧化生产环氧乙烷的原理及反应特点；

② 掌握乙烯氧化生产环氧乙烷的工艺条件。

能力目标

① 能够进行环氧乙烷生产过程中工艺条件的分析、判断和选择；

② 能够根据生产原理分析生产条件。

活动一　环氧乙烷生产工艺条件确定

环氧乙烷生产过程会受到反应温度、反应压力、催化剂的种类、原料配比等因素的影响，只有控制好各个工艺条件，才能保证生产过程稳定、安全、高效地进行。请按班组形式活动，查找数字资源平台，包括相应期刊、书籍、网络资源等，获取乙烯直接氧化生产环氧乙烷的工艺条件，填写表 4-5。

表 4-5　环氧乙烷生产工艺条件

工艺指标	工艺条件
原料配比	
反应温度	
反应压力	
催化剂	
致稳剂	
抑制剂	

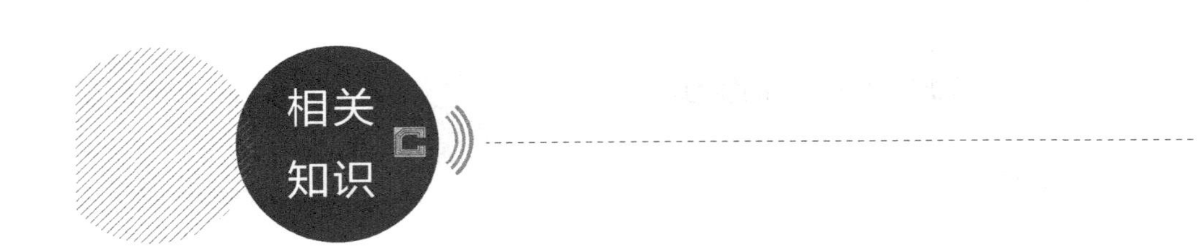

一、乙烯直接氧化生产环氧乙烷原理分析

与氯醇法生产环氧乙烷相比，直接法生产环氧乙烷不需要大量氯气，产品纯度高达99.99%，没有设备腐蚀性，生产成本较低。但生产过程需要具有严格的安全技术措施，产品收率低，必须严格选择操作条件，并加以严格控制。目前工业上乙烯直接氧化生产环氧乙烷的最佳催化剂是银催化剂，除了生成目的产物之外，还生成副产物二氧化碳、水及少量的甲醛和乙醛等。

主反应：　$CH_2=CH_2+1/2O_2 \longrightarrow CH_2CH_2O(+105.39kJ/mol)$

副反应：　$CH_2=CH_2+3O_2 \longrightarrow 2CO_2+2H_2O(+1312kJ/mol)$

$C_2H_4O+5/2O_2 \longrightarrow 2CO_2+2H_2O(+1218kJ/mol)$

$$CH_2=CH_2+O_2 \longrightarrow 2HCHO$$
$$2CH_2=CH_2+O_2 \longrightarrow 2CH_3CHO$$
$$C_2H_4O \longrightarrow CH_3CHO$$

其中，生成 CO_2 和 H_2O 的副反应是主要副反应。

与主反应进行比较，不难看出：生成 CO_2 和 H_2O 副反应的反应热是主反应的十几倍。因此，生产中必须严格控制反应的工艺条件，以防止副反应加剧；否则，势必引起操作条件变化，最终造成恶性循环，甚至发生催化剂床层“飞温”现象（即由于催化剂床层大量积聚热量造成催化剂床层温度突然飞速上升的现象），使正常生产遭到破坏。

二、乙烯直接氧化生产环氧乙烷工艺条件分析

1. 原料气纯度

乙烯直接氧化过程中，杂质的存在会影响催化剂的性能和反应过程。通常对原料乙烯的纯度要求是其摩尔组成应大于98%，同时必须严格控制有害杂质的含量，要求硫化物含量低于 1×10^{-6}g/L，氯化物含量低于 1×10^{-6}g/L。乙烯中所含的丙烯在反应中易生成乙醛、丙酮、环氧丙烷等，其他烃类还会造成催化剂表面积炭，因此原料乙烯中要求 C_3 以上烃类含量低于 1×10^{-5}g/L。原料气中氢和一氧化碳也应控制在较低浓度，要求氢气含量低于 5×10^{-6}g/L，因为它们在反应条件下容易被氧化。对于空气直接氧化法生产过程，空气净化是为了除去对催化剂有害的杂质。氧气直接氧化法生产过程中，氧气中杂质主要为氮及氩，虽然二者对催化剂无害，但含量过高会使放空气体积增加而导致乙烯放空损失增加。

M4-3 乙烯直接氧化法生产环氧乙烷工艺条件的确认

2. 原料气的配比

原料乙烯与氧气混合易形成爆炸性的气体，因此，乙烯与氧气的配比受到爆炸极限浓度的制约。氧浓度过低，乙烯转化率低，反应后尾气中乙烯含量高，设备生产能力受影响。随着氧浓度的提高，转化率提高，反应速率加快，设备生产能力提高，但单位时间释放的热量大，如果不能及时移出，就会造成“飞温”。所以生产中必须严格控制氧的适宜浓度。

对于具有循环的乙烯环氧化过程，进入反应器的原料是由新鲜原料气和循环气混合而成，因此循环气中的某些组分也构成了原料气的组成。例如，二氧化碳对环氧化反应有抑制作用，但是适当的含量有利于提高反应的选择性，且可提高氧的爆炸极限浓度，故在循环气中允许含有一定量的二氧化碳，并控制其体积分数为7%左右。循环气中若含有环氧乙烷，则对催化剂有钝化作用，使催化剂活性明显下降，故应严格限制循环气中环氧乙烷的含量。

为了缩小原料气的爆炸浓度范围，工业生产装置中通常加入甲烷作致稳剂，甲烷的存在可以提高氧的爆炸极限，有利于氧气允许浓度增加，反应选择性增加，环氧乙烷收率提高。此外，为了抑制乙烯深度氧化生成二氧化碳和水等副反应，装置中加入抑制剂来提高反应选择性，抑制剂主要是二氯乙烷等有机卤化物。

3. 反应温度

研究表明，主反应的活化能比副反应的活化能低。因此，反应温度升高，可加快主反应速率，而副反应速率增加更快。即反应温度升高，乙烯转化率提高，选择性下降，反应放热量增大。如不能及时有效地稳定反应热，便会产生“飞温”现象，影响生产正常进行。实验

表明，在银催化剂作用下，乙烯在373K时环氧化产物几乎全部是环氧乙烷，但在此温度下反应速率很慢，没有工业生产意义。工业生产中，综合考虑反应速率、选择性、反应热的移出以及催化剂的性能等因素，一般选择反应温度为493～573K。

另外，生产中的反应温度应严格自动控制，使其稳定在±0.5K范围，并有自动保护装置。因为反应温度稍有升高，强放热的副反应就会剧烈加快，进而造成反应温度迅速升高，引起恶性循环，导致反应过程失控。

4. 操作压力

乙烯直接氧化过程的主反应是气体分子数减少的反应，而副反应是气体分子数不变的反应。所以加压对主反应有利。而主反应的平衡常数在298K时为10^4，在523K时为10^6，依然很大，反应可视为不可逆反应。由此可见，压力对反应平衡的影响无实际意义。

目前工业上采用1～3MPa操作压力，其主要作用在于提高乙烯和氧的分压，从而加快反应速率，提高收率。提高操作压力的缺点是增加了对反应器的材质、反应热的导出以及强化剂的活性和使用寿命等的要求。

5. 空间速率

空间速率（简称空速）的确定取决于催化剂类型、反应器管径、温度、压力、反应物浓度、乙烯转化率、时空收率及催化剂寿命等许多因素，是影响反应转化率和选择性的重要因素之一。空间速率增大，反应混合气与催化剂的接触时间缩短，使转化率降低，同时副反应减少，反应选择性提高。当其他条件确定之后，空间速率的大小主要取决于催化剂性能（即催化剂活性高可采用高空间速率，催化剂活性低则采用低空间速率）。提高空间速率既有利于反应器的传热，又能提高反应器生产能力。工业生产中空间速率的操作范围一般为4000～8000h^{-1}。

6. 致稳剂（又称稀释剂）

在乙烯直接氧化法生产环氧乙烷装置中加入致稳剂的主要作用不仅是缩小原料混合气的爆炸浓度范围，而且致稳剂有较高的比热容，可以移走部分反应热。过去大多使用氮气作致稳剂，现在工业装置上一般采用甲烷作致稳剂，这是因为甲烷致稳与氮气致稳相比，可提高原料气中氧的最高允许浓度，而且甲烷的比热容是氮气比热容的1.35倍，因此可提高撤热效率。

7. 抑制剂

抑制剂的作用主要是抑制乙烯深度氧化生成二氧化碳和水等副反应的发生，以提高反应选择性。这类抑制剂主要是有机卤化物，如二氯乙烷等。生产中抑制剂的加入方式也在不断改进，早期是加到催化剂中，目前工业过程均是将二氯乙烷以气相形式加入反应物料之中。

活动二　环氧乙烷生产安全分析

作为一线操作人员，必须树立安全意识，通晓与生产过程有关的安全技术知识，在环氧乙烷的生产过程中，应该正确控制各种工艺参数，防止危险事故的发生。请结合本节课的学习，总结环氧乙烷的安全生产应该注意哪些事项。

M4-4　环氧乙烷安全生产技术

请结合乙烯直接氧化法生产环氧乙烷的原理及影响因素分析，如何控制操作条件才能最大限度地减少副反应的发生，提高环氧乙烷收率。

任务五
反应岗位操作

任务描述

作为一名环氧乙烷生产装置反应岗位的技术人员，要明确岗位的职责，明确操作前的注意事项，明确工艺参数控制指标及波动范围，明确异常事件和突发事件的处理方法。

任务目标

素质目标

① 具备按照操作规程操作、密切注意生产状况的职业素质；

② 具有团队合作能力。

知识目标

① 掌握环氧乙烷生产的反应原理、工艺条件和工艺流程；

② 掌握环氧乙烷生产过程中的安全、卫生防护等知识。

能力目标

① 能够按照操作规程进行反应岗位的开、停车操作；

② 能够按照操作规程控制反应过程的工艺参数；

③ 能够根据操作过程中的异常现象分析故障原因，排除故障。

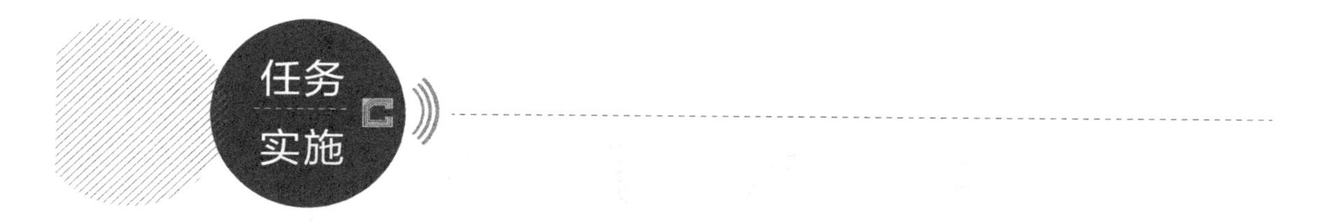

活动一　流程认知

在 A3 图纸上绘制环氧乙烷生产工艺总流程图，叙述工艺流程，写出主要物料的生产流程。学生互换 A3 图纸，在教师指导下根据表 4-6 进行评分，标出错误，进行纠错。

表 4-6　环氧乙烷生产工艺总流程图评分标准

序号	考核内容	考核要点	配分	评分标准	扣分	得分	备注
1	准备工作	工具、用具准备	5	工具携带不正确扣 5 分			
2	图纸评分	排布合理，图纸清晰	10	不合理、不清晰扣 10 分			
3		边框	5	格式不正确扣 5 分			
4		标题栏	5	格式不正确扣 5 分			
5		塔器类设备齐全	15	漏一项扣 5 分			
6		主要加热炉、换热设备齐全	15	漏一项扣 5 分			
7		主要泵齐全	15	漏一项扣 5 分			
8		主要阀门齐全（包括调节阀）	15	漏一项扣 5 分			
9		管线	15	管线错误一条扣 5 分			
合计			100				

环氧乙烷生产流程：

乙烯→________→________→________→________→________→________→________→________→________→________→粗环氧乙烷→________。

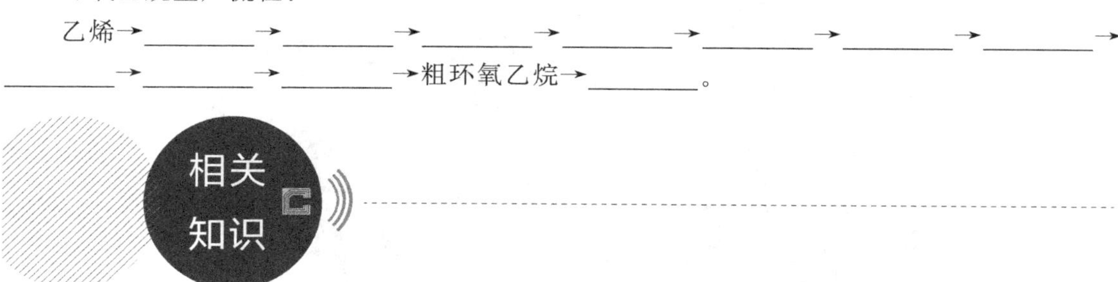

环氧乙烷装置仿真 DCS 如图 4-3 所示。来自界区的乙烯气体通过脱硫床 R-2150 和过滤器 M-2150A/B 经流量控制器 FIC1838 调节后进入循环机 C-2115 下游循环气管道上的混合三通与贫循环气混合，而后又加入来自甲烷压缩机（界外）的致稳用甲烷，最后进入氧气混合站 H-2110，在此与来自界外的经过滤器 M-2110 过滤后的纯氧经流量控制器 FIC1619 调节后，迅速均匀地混合，且使循环气产生的压降最小。

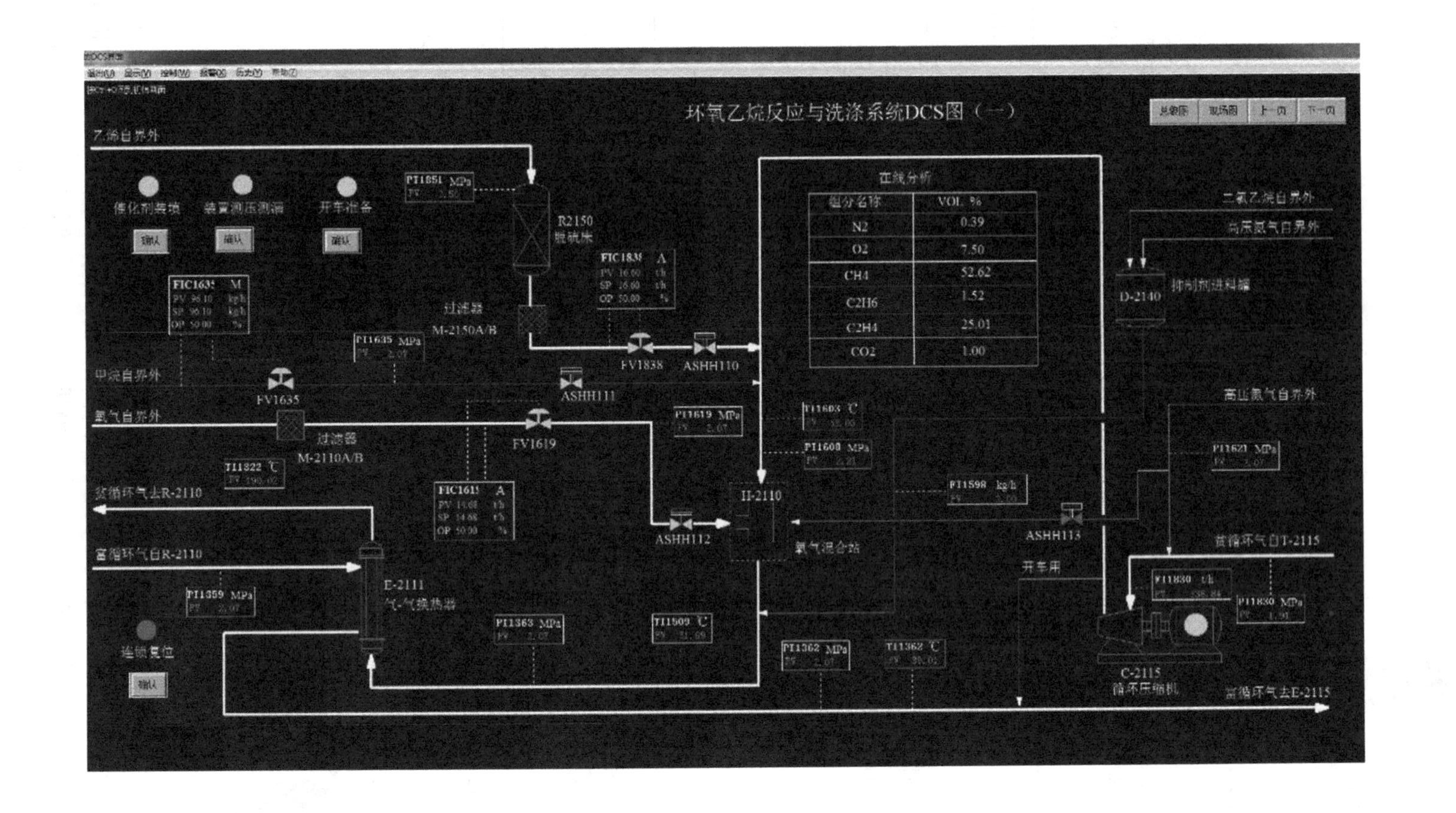
环氧乙烷反应与洗涤系统DCS图（一）
总貌图
现场图
上一页
下一页
乙烯自界外
催化剂装填
装置测压测漏
开车准备
确认
PI1851 MPa
R2150
脱硫床
FIC1635 M
FIC1838 A
过滤器
M-2150A/B
PI1635 MPa
甲烷自界外
FV1635
FV1838
ASHH110
ASHH111
氧气自界外
过滤器
M-2110A/B
FV1619
PI1619 MPa
TI1822 ℃
贫循环气去R-2110
FIC1619 A
ASHH112
II-2110
氧气混合站
富循环气自R-2110
E-2111
气-气换热器
PI1359 MPa
联锁复位
PI1363 MPa
TI1509 ℃
PI1362 MPa
TI1362 ℃
在线分析
组分名称
VOL %
N2 0.39
O2 7.50
CH4 52.62
C2H6 1.52
C2H4 25.01
CO2 1.00
TI1603 ℃
PI1608 MPa
PI1598 kg/h
ASHH113
开车用
二氯乙烷自界外
高压氮气自界外
D-2140
抑制剂进料罐
高压氮气自界外
PI1621 MPa
富循环气自T-2115
FI1830 t/h
PI1830 MPa
C-2115
循环压缩机
富循环气去E-2115

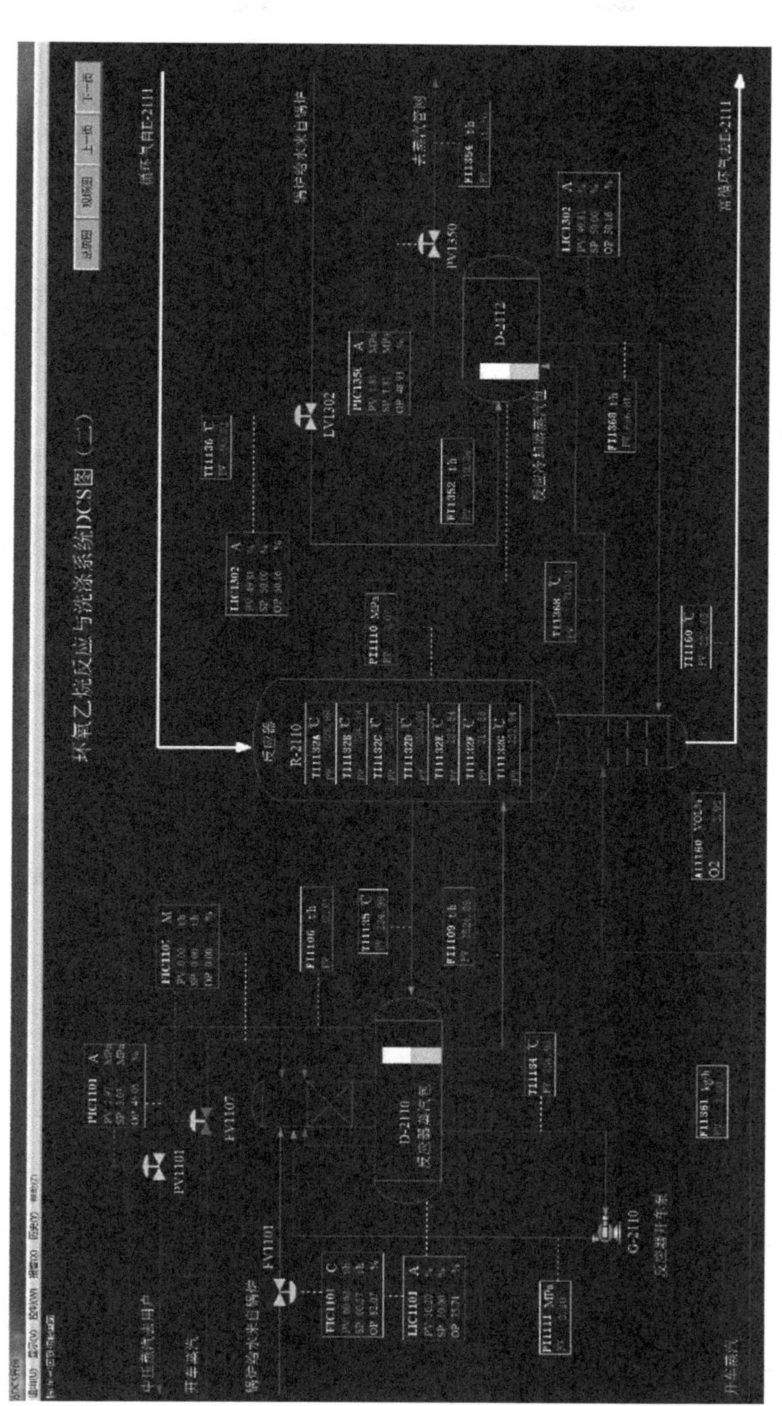

图 4-3 环氧乙烷装置仿真 DCS 图

为使氧化反应达到最佳并抑制副反应，抑制剂二氯乙烷用高压氮气作载体，以液相加入氧气混合站出来下游的循环气中，组成了反应器进料系统。

上述反应器进料气体通过气-气换热器 E-2111 管程与壳程的反应器出口气体换热而被预热到 190℃，预热后的进料气体自上而下流过列管式固定床反应器 R-2110，在反应器内，氧气和乙烯在催化剂作用下发生氧化反应生成环氧乙烷及其他反应副产物二氧化碳和水。反应热靠反应器壳程内的沸水移出［沸水有 2%～4%（质量分数）汽化］，壳程内的沸水靠热虹吸作用进行循环。离开反应器壳程的汽水两相混合物流到反应器蒸汽包 D-2110 内进行汽水分离，分离出的水蒸气——部分用来预热蒸汽包顶部填料床的补充锅炉给水，其余的水蒸气通过一个除沫装置后，经压力控制汇入蒸气管网。

锅炉给水加到蒸汽包中，其流量由流量控制器 FV1101 进行控制。它对反应器蒸汽发生系统起着稳定作用，热的反应器出口气体直接进入反应器出口的气体冷却器管程，将壳程里的水蒸发。蒸汽包 D-2112 和反应器出口气体冷却器之间的循环靠的是热虹吸作用，蒸汽包 D-2112 中的水通过两个降液管进入反应器出口气体冷却器，而汽水两相混合物升至蒸汽包的平稳箱中，在此得到两相分离。分离出的蒸汽送入管网，液相水又回到反应器出口气体冷却器。加入锅炉水来维持蒸汽包的液位，在反应器蒸汽包和反应器气体冷却器底部分别有一根高压蒸汽管线，用于开车时，加热锅炉给水。蒸汽包 D-2110 和 D-2112 装有连续和间接的排污组件。

离开反应器出口气体冷却器 R-110 的反应器出口气体与通过气-气换热器 E-2111 壳程与管程的反应器进料气体换热而被冷却到 82℃，然后进入 E-2115 管程冷却至 70℃，再进入洗涤塔 T-2115（此部分在界外）。

活动二　设备认知

根据图 4-3，找出环氧乙烷生产装置中的主要设备，思考各个设备的主要作用，完成表 4-7。

表 4-7　环氧乙烷生产装置主要设备表

位号	设备名称	流入物料	流出物料	设备主要作用
R-2150				
M-2150				
M-2110				
H-2110				
E-2111				
D-2140				
C-2115				
R-2110				
D-2110				
D-2112				
G-2110				

活动三　参数控制

根据图 4-3，找出环氧乙烷生产装置主要控制仪表，思考其作用，完成表 4-8。

表 4-8　环氧乙烷合成装置主要控制仪表

序号	1	2	3	4	5	6	7	8	9
仪表位号	FIC1635	FIC1838	FIC1619	PIC1101	FIC1107	FIC1101	LIC1101	LIC1302	PIC1350
作用									
控制指标									

活动四　开、停车操作

根据操作规程（扫描二维码，参考详细操作规程）进行 DCS 仿真系统的冷态开车、正常停车操作，完成表 4-9，并在“完成否”列做好记录。

扫一扫

M4-5　环氧乙烷合成装置仿真操作规程

表 4-9　环氧乙烷合成装置仿真操作完成情况记录表

项目	序号	步骤	完成否
冷态开车	1	开车前确认	
	2	反应器蒸汽包开车	
	3	反应器冷却器蒸汽包开车	
	4	系统升压	
	5	工艺气体切入	
	6	增加负荷正常生产	
正常停车	1	降低负荷，减少氧气进料	
	2	停止乙烯进料	
	3	停止循环气进料	
	4	反应器蒸汽包停车	
	5	反应器冷却器蒸汽包停车	

活动五　故障处理操作

反应器飞温是在操作过程中容易出现的事故，以小组为单位，讨论分析反应器飞温事故产生的原因，并找到解决方法，完成表 4-10。

表 4-10　反应器飞温事故原因及解决方法

事故	原因	解决方法
反应器飞温		

1. 在环氧乙烷合成装置操作过程中，重点的工艺操作参数有哪些?
2. 记录在仿真操作过程中出现的异常现象，找出原因及调节方法。

一、选择题

1. 关于环氧乙烷的性质，描述错误的是（　　）。
A. 环氧乙烷，又称氧化乙烯，简称 EO
B. 环氧乙烷在低温下为无色透明液体，在常温下为无色带有醚刺激性气味的气体
C. 能溶于醇、醚及大多数有机溶剂，不溶于水
D. 在空气中的爆炸极限（体积分数）为 3%~ 100%
2. 关于环氧乙烷的生产方法，描述错误的是（　　）。
A. 主要有氯醇法和乙烯直接氧化法
B. 乙烯直接氧化法，包括空气直接氧化法和氧气直接氧化法
C. 美国 UCC 公司于 1937 年建成第一个空气直接氧化法生产环氧乙烷的工厂
D. 目前工业上生产环氧乙烷主要采用氯醇法
3. 环氧乙烷的运输，可以使用（　　）。
A. 火车　　B. 槽车　　C. 飞机　　D. 轮船
4. 关于乙烯直接氧化法生产环氧乙烷的工艺条件，描述错误的是（　　）。
A. 生产中必须严格控制氧的适宜浓度
B. 一般选择反应温度为 493~ 573K
C. 在乙烯直接氧化法生产环氧乙烷装置中加入的致稳剂通常是氯乙烷
D. 目前工业上采用 1~ 3MPa 操作压力

5. 浓度为（　　）的环氧乙烷水溶液接触皮肤会严重灼伤皮肤，溅入眼内会引起结膜炎甚至失明。

A. 5%~10%　　B. 10%~15%　　C. 15%~20%　　D. 40%~80%

6. 下列关于环氧乙烷中毒的临床症状，说法不正确的是（　　）。

A. 口中有咸味　　B. 剧烈头痛　　C. 呼吸困难　　D. 恶心、呕吐

7. 环氧乙烷正确的贮存方法是（　　）。

A. 常温常压　　B. 低温常压

C. 低温、0.2MPa的压力　　D. 常温高压

二、简答题

1. 乙烯直接氧化法生产环氧乙烷，在生产中除了原料乙烯和氧气，通常还需要加入甲烷，为什么？

2. 乙烯直接氧化法生产环氧乙烷，加入氯乙烷的作用是什么？

3. 描述乙烯直接氧化法生产环氧乙烷的工艺流程。

4. 在乙烯直接氧化法生产环氧乙烷装置中，二氧化碳脱除工序单元的主要作用是什么？汽提与再吸收工序的作用是什么？

模块五

甲醇的生产

本项目基于工业上甲醇生产的职业情境，学生个体作为甲醇生产的现场操作工，以生产班组形式，通过查阅甲醇生产相关资料，收集技术数据，参照工艺流程图、设备图等，对甲醇生产过程进行工艺分析，选择合理的工艺条件。利用仿真软件，按照操作规程，进行反应和分离装置的开车、正常运行和停车操作，在操作过程中监控仪表、正常调节机泵和阀门，遇到异常现象时发现故障原因并排除，保证生产和分离过程的正常运行，生产出合格的产品。

任务一
甲醇产品认知

任务描述

甲醇用途广泛，是基础的有机化工原料和优质燃料。甲醇主要应用于精细化工、塑料等领域，用来制造甲醛、乙酸、氯甲烷、甲胺、硫酸二甲酯等多种有机产品，也是农药、医药的重要原料之一，广泛应用于几乎所有工业领域。请通过查阅资料，了解甲醇有哪些性质和用途以及国内外甲醇的生产现状。

任务目标

素质目标

具备资料查阅、信息检索和加工等自我学习能力。

知识目标

了解甲醇的性质和用途。

能力目标

能及时把握甲醇的行业动态。

活动一 甲醇用途认知

甲醇作为一种基础有机化工原料，用途非常广泛，渗透在我们生活的方方面面，甲醇作为一种清洁能源，目前也在日益兴起。请观察周围的生活用品，从医药、农业、纺织、建筑等方面，说一说，哪些是甲醇的衍生物制品，都有什么用途。

甲醇又称羟基甲烷，是一种有机化合物，是结构最为简单的饱和一元醇。其化学式为CH_3OH，分子量为32.04，沸点为64.7℃。因在干馏木材中首次发现，故又称“木醇”或“木精”。甲醇由甲基和羟基组成，具有醇所具有的化学性质。甲醇对中枢神经系统有麻醉作用；对视神经和视网膜有特殊选择作用，能引起病变；可致代谢性酸中毒。

1. 甲醇氧化制甲醛

甲醛是甲醇的主要下游产品，甲醇在高温、催化剂存在下直接氧化制甲醛。目前，国内外40%～50%的甲醇用于制甲醛，进而合成树脂、塑料及其他化工原料。

2. 甲醇羰基化制乙酸

乙酸广泛用于化工、轻工、纺织、农药、医药、电子、食品等工业部门，乙酸下游产品很多，其衍生化学品多达数百种。

近几年，国内乙酸乙烯、聚乙烯醇、乙酸酐、对苯二甲酸等乙酸下游产品需求持续快速增长，带动乙酸需求与价格大幅攀升，产品利润激增。

3. 甲醇氨化制甲胺

将甲醇与氨按一定比例混合，在370～420℃、5.0～20.0MPa条件下，以活性氧化铝为催化剂进行合成，制得一、二、三甲胺的混合物，再经精馏可得一、二或三甲胺产品。一、二、三甲胺用于农药、医药、染料方面或用作有机原料中间体。

4. 甲醇制二甲醚

甲醇在催化剂存在下，脱水可制得二甲醚（DME）。二甲醚（DME）是一种含氧燃料，无毒，常温常压下为气态，物理性质类似于液化石油气。二甲醚具有优良的燃料性能，方便、清洁、十六烷值高、动力性能好、污染少，稍加压即为液体，易贮存，作为车用的替代燃料，具有液化气、天然气、乙醇等不可比拟的综合优势。

5. 甲醇制甲基叔丁基醚（MTBE）

MTBE具有较好的调和特性，从环保和发动机操作两方面考虑均被认为是汽油最好的改良剂，MTBE工业因此得以高速发展。MTBE被列入世界上50种基本化工产品之一，每吨MTBE约需消耗0.4t甲醇，因此MTBE可望成为今后甲醇大吨位的一级下游产品。

6. 甲醇制烯烃

我国石油与烯烃的供需矛盾将会长期存在，每年的缺口量都会大幅增加，由此为煤经甲醇制取烯烃带来巨大机遇。甲醇制烯烃技术上已经成熟，已实现工业化应用，大型工业化装置可达百万吨级别。由于我国煤炭资源较丰富，所以甲醇制烯烃是一条崭新的非石油路线生产烯烃的方法，有着广阔的发展前景，将会对我国石油化工原料结构的改变产生重大影响。

7. 甲醇用作燃料

甲醇掺烧汽油，在北美和西欧已合法化，在我国也得以开发。目前，颁布实施的省级地方标准有：山西《M5、M15车用甲醇汽油》DB14/T 92—2002，陕西《车用M15甲醇汽油》DB61/T 352—2004，黑龙江《M15车用甲醇汽油》DB23/T 988—2005，四川《M10车用甲醇汽油》DB51/T 448—2004等。根据我国替代能源政策，已决定开放甲醇燃料（M100）的市场准入。

8. 其他

甲醇微生物发酵制造甲醇蛋白在国外已进入规模工业化生产阶段。此外，甲醇还可用于制防腐剂、除锈剂等。

活动二　国内外甲醇生产现状分析

随着化学工业的蓬勃发展，甲醇的作用日益凸现出来。在生活中，甲醇日益受到重视，它既可以作为燃料，又可以作为有机化工原料。请查阅资料，在中国地图上标记国内甲醇生产厂家，并分析目前国内的甲醇生产情况，针对甲醇未来发展趋势写一份报告。

一、国内甲醇生产现状

国内甲醇产能分布见表5-1。

表5-1　国内甲醇产能分布（截至2018年）

排名	地区	年产量/t
1	山东	3359714
2	内蒙古	1865232
3	河南	1714664
4	陕西	1490162
5	山西	1043727

续表

排名	地区	年产量/t
6	河北	898708
7	海南	633578
8	上海	584845
9	重庆	583855
10	黑龙江	541100
11	宁夏	498449
12	湖北	401651
13	四川	364661
14	安徽	345652
15	新疆	306421
16	青海	231665
17	福建	193855
18	江苏	138256
19	浙江	125123
20	云南	106062
21	辽宁	96057
22	湖南	61673
23	广西	59553
24	甘肃	50515
25	贵州	19641
26	江西	13256
27	吉林	11757

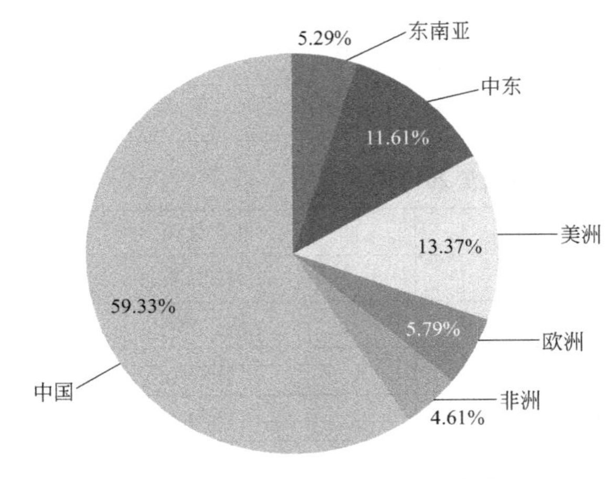

图 5-1　2018 年国际甲醇产能分布

二、国外甲醇生产现状

截至 2018 年，全球国际甲醇总产能约 13500 万吨，其中约有 60%集中于中国市场，而其他的 40%多集于中东、美洲及东南亚（包括新西兰）一带，其中中东地区包括伊朗、沙特阿拉伯以及阿曼等，美洲则包括美国、委内瑞拉以及特立尼达和多巴哥等国，东南亚包括马来西亚、文莱、印度尼西亚等地。中东、美洲及东南亚均对中国市场出口甲醇，且伊朗连续多年蝉联我国甲醇进口来源国首位。国际甲醇产能分布如图 5-1 所示。

1. 冬季输送甲醇的管道（　　）保温，因为甲醇的熔点为（　　）℃。

A. 需要、－97.8　　B. 需要、 97.8

C. 不需要、－97.8　　D. 不需要、 97.8

2. 下列不属于甲醇的性质的是（　　）。

A. 易灼伤人的皮肤　　B. 易挥发

C. 易流动　　D. 易燃

3. 甲醇能与下列哪些物质混溶？（　　）

A. 水　　B. 乙醇　　C. 乙醚　　D. 氯化钙

4. 甲醇的有害燃烧产物有（　　）。

A. 一氧化硫　　B. 一氧化碳　　C. 二氧化碳　　D. 氧化氮

5. 甲醇发生燃烧可用的灭火剂有（　　）。

A. 砂土　　B. 泡沫　　C. 干粉　　D. 二氧化碳

6. 下列哪一项不是甲醇的用途？（　　）

A. 生产甲醛　　B. 生产染料　　C. 生产医药　　D. 用作工业氧化剂

7. 甲醇对中枢神经系统有麻醉作用的说法是（　　）的。

A. 对　　B. 错

8. 甲醇的密度大于水，此说法是（　　）的。

A. 对　　B. 错

9. 当甲醇蒸气在空气中的体积浓度达到 55%时，遇火也不爆炸也不燃烧。此说法是（　　）的。

A. 对　　B. 错

10. 甲醇的储存应避免与氧化剂、还原剂、酸类、碱金属接触。此说法是（　　）的。

A. 对　　B. 错

任务二 生产方法的选择

任务描述

合成甲醇的方法主要有木材干馏法、氯甲烷水解法、甲烷部分氧化法及合成气化学合成法。不同的生产方法，生产原料、工艺过程、经济性、产品收率等不同，在工业生产中，应该根据生产实际，选择合适的工艺路线。

任务目标

素质目标

具备资料查阅、信息检索和加工等自我学习能力。

知识目标

① 了解甲醇的工业生产方法；

② 掌握合成气化学合成法制甲醇的工艺原理；

③ 了解甲醇生产技术现状及进展。

能力目标

① 能及时把握甲醇的行业动态；

② 能选择合理的生产原料及生产方法。

活动一　甲醇生产方法认知

目前，甲醇的生产方法主要有木材干馏法、氯甲烷水解法、甲烷部分氧化法及合成气化学合成法四种，请查阅资料，了解甲醇的生产方法，并从原料、生产原理及优缺点等方面对这几种生产方法进行比较，完成表 5-2。

表 5-2　甲醇生产方法比较

生产方法	木材干馏法	氯甲烷水解法	甲烷部分氧化法	合成气化学合成法
生产原料				
生产原理				
优点				
缺点				

1. 木材干馏法

1924 年以前，甲醇几乎全部是用木材分解干馏来生产的。甲醇的世界产量当时只有 4500t。用 60～100kg 木材干馏只能获得约 1kg 的甲醇，$1m^3$ 白桦木只能制得 5～6kg 的甲醇，而 $1m^3$ 的针叶树木只能得到 2～3kg 的甲醇。这种“森林化学”的甲醇含有丙酮和其他杂质，要从甲醇中除去这些杂质比较困难。由于甲醇的需求量与日俱增，木材干馏法不能满足需要。因此，人们开始采用化学合成的方法生产甲醇。

M5-1　甲醇生产路线分析及选择

2. 氯甲烷水解法

氯甲烷水解法的成本相当昂贵，虽然早在一百多年前就被发现了，但并没有在工业上得到应用。

3. 甲烷部分氧化法

这种制甲醇的方法工艺流程非常简单，建设投资较节省，而且将便宜的原料甲烷变成贵重的产品甲醇，是一种可取的甲醇生产方法。但是，这种氧化的过程是不易控制的，常常因为深度的氧化生成碳的氧化物和水，而使原料和产品受到很大的损失，使甲醇的总收率不高。虽然已经有运行的工业试验装置，但甲烷氧化制甲醇的方法仍然未实现工业化。

4. 合成气化学合成法

合成气化学合成法制甲醇生产工艺较新，选择性高，杂质少，产品质量好，可行性高。

合成气化学合成法可分为以下三种：

（1）高压法　操作温度为340～420℃，压力为30～50MPa，以锌、镉作催化剂，生产能力大，单程转化率高，但是高压法有许多缺点，如操作压力高，功力消耗大，设备复杂，产品质量差，生产规模小。

（2）中压法　操作压力为10～27MPa，温度为235～275℃，催化剂为铜基催化剂。此法的特点是处理量大、设备庞大、占地面积大，是综合了高压、低压法的优缺点而提出来的。此法目前发展较快，新建厂的规模也趋大型化。

（3）低压法　操作压力为5MPa，温度为275℃，采用铜基催化剂合成甲醇，是近几年开发的合成甲醇的新方法。低压法的特点是选择性高，粗甲醇中的杂质少，精制甲醇质量好。

活动二　甲醇生产方法选择

某公司经市场调研发现甲醇工业需求旺盛，公司决定年产甲醇 20 万吨。面对几条甲醇生产工艺路线，如果是你，会给公司提什么建议，说明原因。

不同的生产方法，生产原料、工艺过程、经济性等不同，请查阅资料，了解当前我国石油产能的情况，并分析其对甲醇生产工业有什么影响。

任务三
工艺流程的组织

任务描述

明确生产路线后，原料已确定，原料需要经过一系列单元过程转化为产品，这些单元过程按一定顺序组合起来，即构成了工艺流程。作为一名合格的一线化工生产技术人员，要明确生产工艺，明确生产设备的操作顺序和工艺流程。

任务目标

素质目标

① 具备发现、分析和解决问题的能力；

② 具备化工生产的安全、环保、节能的职业素养。

知识目标

① 掌握合成气化学合成法生产甲醇的工艺流程；

② 熟悉合成气化学合成法生产甲醇流程中所用的主要设备。

能力目标

能阅读和绘制甲醇生产工艺流程图。

活动一　合成气化学合成法生产甲醇工艺流程识读

根据合成气化学合成法生产甲醇的全流程框图（图 5-2）可以看出，甲醇生产的典型流程装置由原料气制造、原料气净化、甲醇合成及粗甲醇精馏四部分构成。请在 A3 图纸上绘制低压法合成甲醇的工艺流程图，并以小组为单位，简述工艺流程。

M5-2　低压合成甲醇的工艺流程

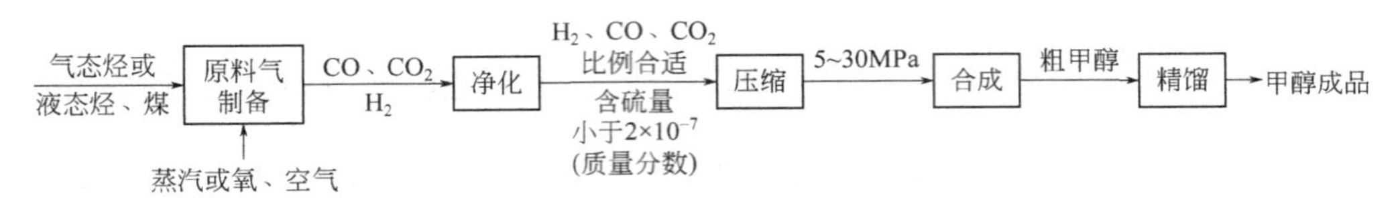

图 5-2　合成气化学合成法生产甲醇的全流程框图

一、合成气化学合成法生产甲醇工序介绍

合成气合成甲醇的生产过程，不论采用怎样的原料和技术路线，都可以大致分为以下几个工序：

1. 原料气的制备

合成甲醇，首先是制备原料氢和碳的氧化物。一般以含碳、氢或含碳的资源如天然气、石油气、石脑油、重质油、煤和乙炔尾气等为原料，用水蒸气转化法或部分氧化法加以转化，使其生成主要由氢、一氧化碳、二氧化碳组成的混合气体。甲醇合成气要求$[n(H_2)-n(CO_2)]/[n(CO)+n(CO_2)]=2.1$左右。合成气中还含有未转化的甲烷和少量的氮气，显然，甲烷和氮气不参加甲醇合成反应，其含量越低越好，但这与制备原料气的方法有关。另外，根据原料的不同，原料气中还可能含有少量有机硫和无机硫的化合物。

为了满足氢碳比例，如果原料气中氢碳比不平衡，当氢多碳少时，则在制造原料气时要补碳，一般采用二氧化碳，与原料同时进入设备。反之，如果碳多氢少，则在以后的工序中要脱去多余的碳（以 CO_2 的形式）。

2. 净化

净化主要包含两方面。

一是脱除对催化剂有毒害作用的杂质，如含硫的化合物。原料气中硫的含量即使降至 1×10^{-6}（质量分数，下同)，对铜系催化剂也有明显的毒害作用，缩短其使用寿命，对锌系催化剂也有一定的毒害。经过脱硫，要求进入合成塔的气体的硫含量降至小于 2×10^{-7}。脱硫的方法一般有湿法和干法两种，脱硫工序在整个制甲醇工艺流程中的位置，要根据原料气的制备方法而定。如采用管式炉蒸汽转化的方法，因硫对转化用的镍催化剂也有严重的毒害作用，所以脱硫工序需设置在原料气设备之前，如采用其他制原料气的方法，则脱硫工序设置在原料气设备后面。

二是调节原料气的组成，使氢碳比例达到前述甲醇合成的比例要求，其方法有以下两种。

① 变换。如果原料气中的一氧化碳含量过高（如水煤气、重质油的部分氧化气），则采取蒸汽部分转换的方法，使其形成如下反应：

$$CO+H_2O \longrightarrow H_2+CO_2$$

这样增加了有效组分氢气，提高了系统中能量的利用效率，若造成 CO_2 多余，也比较容易脱除。

② 脱碳。如果原料气中的二氧化碳含量过多，使氢碳比例过小，可以采用脱碳方法除去部分二氧化碳。脱碳方法一般采用溶液吸收法，有物理吸收和化学吸收两种方法。

3. 压缩

通过往复式或透平式压缩机，将净化后的气体压缩至合成甲醇所需要的压力，压力的高低主要视催化剂的性能而定。

4. 合成

根据不同的催化剂，在不同的压力下，温度为 240～270℃或 360～400℃，通过催化剂进行合成反应，生成甲醇。由于受催化剂选择性的限制，生成甲醇的同时，还有许多副反应伴随发生，所以得到的产品是以甲醇为主，含水以及多种有机杂质的混合溶液，即粗甲醇。

5. 精馏

通过精馏的方法清除粗甲醇中的有机杂质和水，制得符合一定质量标准的较纯的甲醇，称之为精甲醇。同时，可能获得少量的副产物。

二、合成气化学合成法生产甲醇工艺流程组织

1. 低压法合成甲醇的工艺流程

低压法合成甲醇的工艺流程见图 5-3。

(1) 原料预处理工段　天然气经加热炉加热后，进入转化炉发生部分氧化反应生成合成气，合成气经废热锅炉和加热器换热后，进入脱硫器，脱硫后的合成气经水冷却和汽液分离器，分离除去冷凝水后进入合成气三段离心式压缩机，压缩至稍低于 5MPa。从压缩机第三段出来的气体不经冷却，与分离器出来的循环气混合后，在循环压缩机中压缩到稍高于 5MPa 的压力，进入合成塔。循环压缩机为单段离心式压缩机，它与合成气压缩机一样都采用汽轮机驱动。合成塔顶尾气经转化后含 CO_2 量稍高，在压缩机的二段后，将气体送入 CO_2 吸收塔，用 K_2CO_3 溶液吸收部分 CO_2，使合成气中 CO_2 含量保持在适宜值。吸收了 CO_2 的 K_2CO_3 溶液用蒸汽直接再生，然后循环使用。

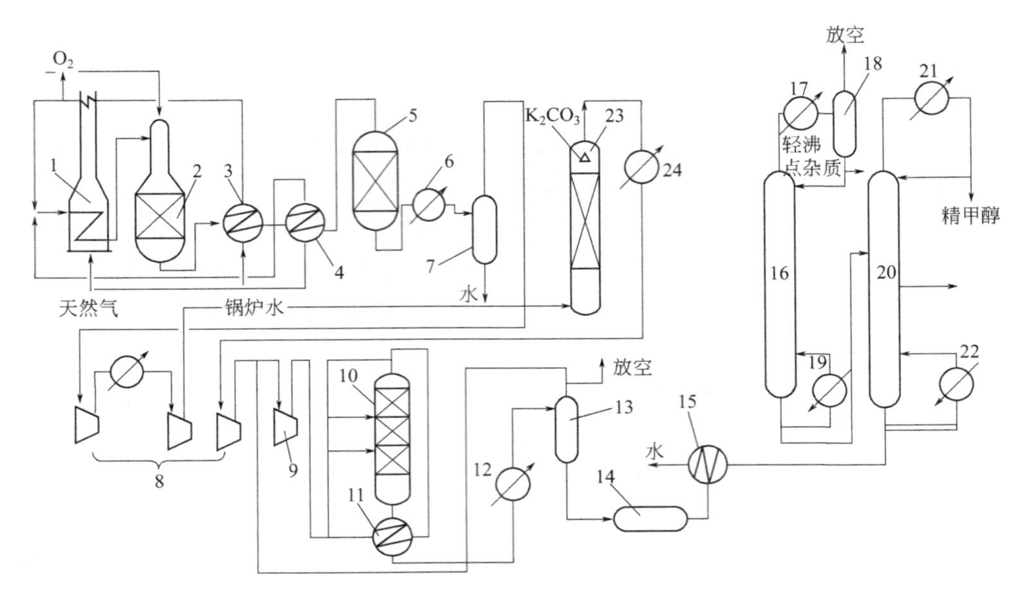

图 5-3　低压法甲醇合成流程图

1—加热炉；2—转化炉；3—废热锅炉；4—加热器；5—脱硫器；6，12，17，21，24—水冷器；7—气液分离器；8—合成气压缩机；9—循环气压缩机；10—甲醇合成塔；11，15—热交换器；13—甲醇分离器；14—粗甲醇中间槽；16—脱轻组分塔；18—分离塔；19，22—再沸塔；20—甲醇精馏塔；23—CO_2 吸收塔

（2）反应工段　合成塔中填充 $CuO\text{-}ZnO\text{-}Al_2O_3$ 催化剂，于 5MPa 压力下操作。由于强烈的放热反应，必须迅速移出热量，流程中采用在催化剂层中直接加入冷原料的冷激法，保持温度在 240～270℃之间。经合成反应后，气体中含甲醇 3.5%～4%（体积分数），送入加热器以预热合成气，塔釜部物料在水冷器中冷却后进入分离器。粗甲醇送中间槽，未反应的气体返回循环压缩机。为防止惰性气体的积累，把一部分循环气放空。

（3）产物分离工段　粗甲醇中甲醇含量约 80%，其余大部分是水。此外，还含有二甲醚及可溶性气体，称为轻馏分，水、酯、醛、酮、高级醇称为重馏分。以上混合物送往脱轻组分塔，塔顶引出轻馏分，塔底物送甲醇精馏塔，塔顶引出产品精甲醇，塔底为水，接近塔釜的某一塔板处引出含异丁醇等组分的杂醇油。产品精甲醇的纯度可达 99.85%（质量分数）。

2. 高压法合成甲醇的工艺流程

高压法工艺流程一般是指使用锌-铬催化剂，在高温高压下合成甲醇的流程，流程图如图 5-4 所示。

由压缩工段送来的具有 31.36MPa 的新鲜原料气，先进入铁油分离器，在此处与循环压缩机送来的循环气汇合。这两种气体中的油污、水雾及羰基化合物等杂质同时在铁油分离器中除去，然后进入甲醇合成塔。原料气分两路进入甲醇合成塔。一路经主线（主阀）由塔顶进入，并沿塔壁与内件之间的环隙流至塔底，再经塔内下部的热交换器预热后，进入分气盒。另一路经副线（副阀）从塔底进入，不经热交换器而直接进入分气盒。在实际生产过程中，可用副阀来调节催化层的温度，使 H_2 和 CO 能在催化剂的活性温度范围内合成甲醇。

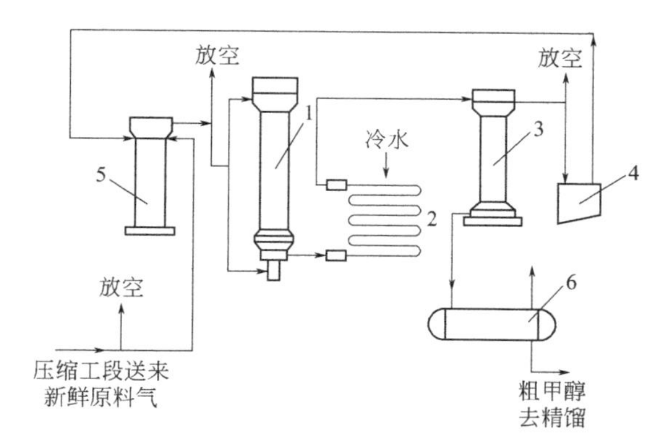

图 5-4 高压法甲醇合成的工艺流程图

1—甲醇合成塔；2—冷凝器；3—甲醇分离器；4—循环压缩机；5—铁油分离器；6—粗甲醇中间槽

CO 与 H_2 在塔内于 30MPa 左右的压力和 360～420℃条件下，在锌-铬催化剂上反应生成甲醇。转化后的气体经塔内热交换预热刚进入塔内的原料气，温度降至 160℃以下，甲醇含量约为 3%。经塔内热交换后的转化气体混合物出塔，进入冷凝器，出冷凝器后气体混合物温度降至 30～35℃，再进入甲醇分离器。从甲醇分离器出来的液体甲醇减压至 0.98～1.568MPa 后，送入粗甲醇中间槽。由甲醇分离器出来的气体，压力降至 30MPa 左右，送循环压缩机以补充压力损失，使气体循环使用。

为了避免惰性气体（N_2、Ar 等）在反应系统中积累，在甲醇分离器后设有放空管，以维持循环气中的惰性气体含量在 15%～20%。

活动二　化学合成法生产甲醇关键设备认知

作为一线操作人员，要做到对装置的熟练操作，必须要熟悉各个设备的作用及位置，请通过甲醇合成仿真软件，查看甲醇合成工段总图中的流程和设备，分析各个设备的作用，记录下来，完成表 5-3。

表 5-3　化学合成法生产甲醇典型设备表

序号	设备名称	设备作用

甲醇合成反应器的结构形式较多，根据反应热移出方式不同，可分为绝热式和等温式两大类；按照冷却方式不同，可分为直接冷却的冷激式和间接冷却的列管式两大类。以下介绍低压法合成甲醇所采用的冷激式和列管式两种反应器。

M5-3 甲醇合成反应器

1. 冷激式绝热反应器

这类反应器把反应床层分为若干绝热段，段间直接加入冷的原料气使反应气冷却，故称之为冷激式绝热反应器。冷激式绝热反应器如图 5-5 所示。

反应器主要由塔体、喷嘴、气体进出口、催化剂装卸口等组成。催化剂由惰性材料支撑，分成数段。反应气体由上部进入反应器，冷激气在段间经喷嘴喷入，喷嘴分布于反应器的整个截面上，以便冷激气与反应气混合均匀。混合后的温度正好是反应温度低限，混合气进入下一段床层进行反应。段中进行的反应为绝热反应，释放的反应热使反应气体温度升高，但未超过反应温度高限，于下一段再与冷激气混合降温后进入再下一段床层进行反应。

冷激式绝热反应器在反应过程中气体流量不断增大，各段反应条件略有差异，气体的组成和空速都不一样。这类反应器的特点是：结构简单，催化剂装填方便，生产能力大，但要有效控制反应温度，避免过热现象发生，冷激气和反应气的混合及均匀分布是关键。

2. 列管式等温反应器

列管式等温反应器类似于列管式换热器，其结构示意如图 5-6 所示。

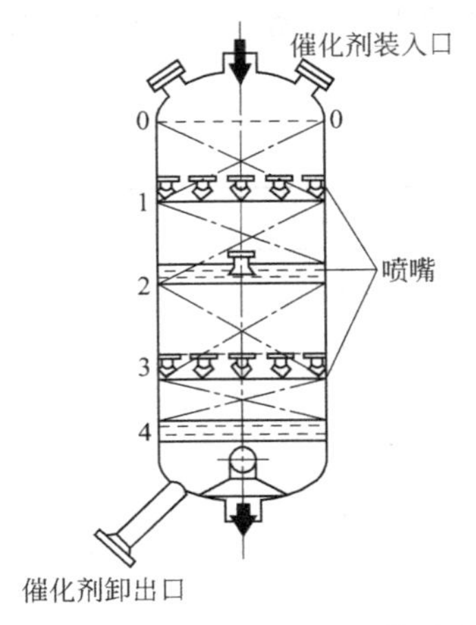

图 5-5 冷激式绝热反应器结构示意图

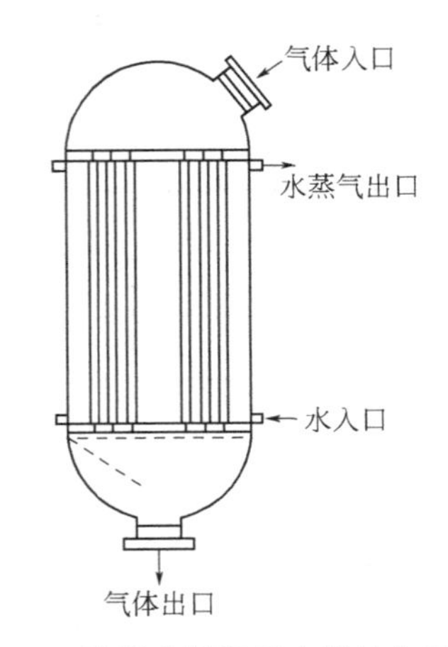

图 5-6 列管式等温反应器结构示意图

催化剂装填于列管中，壳程走冷却水（锅炉给水）。反应热由管外锅炉给水带走，同时产生高压蒸汽。通过对蒸汽压力的调节，可以方便地控制反应器内的反应温度，使其沿管长温度几乎不变，避免了催化剂的过热，延长了催化剂的使用寿命。

列管式等温反应器的优点是温度易于控制，单程转化率较高，循环气量小，能量利用较经济，反应器生产能力大，设备结构紧凑。

简要叙述低压法合成甲醇的工艺流程，并说出装置中主要的设备及其作用。

任务四 工艺条件的确定

任务描述

在化工生产过程中，工艺条件对化学反应的影响关系到生产过程的能力和效率。对于甲醇的生产，选择完合适的生产路线后，明确工艺条件尤为重要。

任务目标

素质目标

具备发现、分析和解决问题的能力。

知识目标

掌握化学合成法制甲醇的生产原理和工艺条件。

能力目标

① 能够进行甲醇生产过程中工艺条件的分析、判断和选择；

② 能够根据生产原理分析生产条件。

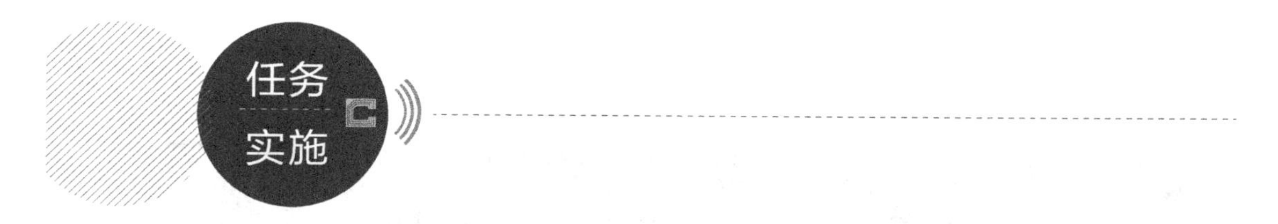

活动一　甲醇生产工艺条件确定

图 5-7 是甲醇合成工段合成系统总图，请查阅相关资料，结合所学知识分析，甲醇合成塔 R-601 内温度和压力为多少时，才能保证生产正常运行？并从原料配比、催化剂等各方面，分析化学合成法生产甲醇工艺的操作条件。并完成表 5-4。

表 5-4　甲醇生产工艺条件（化学合成法）

工艺指标	工艺条件
原料配比	
反应温度	
反应压力	
催化剂	

一、合成气化学合成法生产甲醇的原理分析

M5-4　合成气合成甲醇反应原理

1. 主反应

$$CO+2H_2 \longrightarrow CH_3OH$$

当有二氧化碳存在时，二氧化碳按下列反应生产甲醇：

$$CO_2 + H_2 \longrightarrow CO + H_2O$$

$$CO + 2H_2 \longrightarrow CH_3OH$$

两步反应的总反应方程式为

$$CO_2+3H_2 \longrightarrow CH_3OH+H_2O$$

2. 平衡副反应

$$CO + 3H_2 \longrightarrow CH_4 + H_2O$$

$$2CO + 2H_2 \longrightarrow CO_2 + CH_4$$

$$4CO + 8H_2 \longrightarrow C_4H_9OH + 3H_2O$$

$$2CO + 4H_2 \longrightarrow CH_3OCH_3 + H_2O$$

当有金属铁、钴、镍等存在时，还可以发生积碳反应。

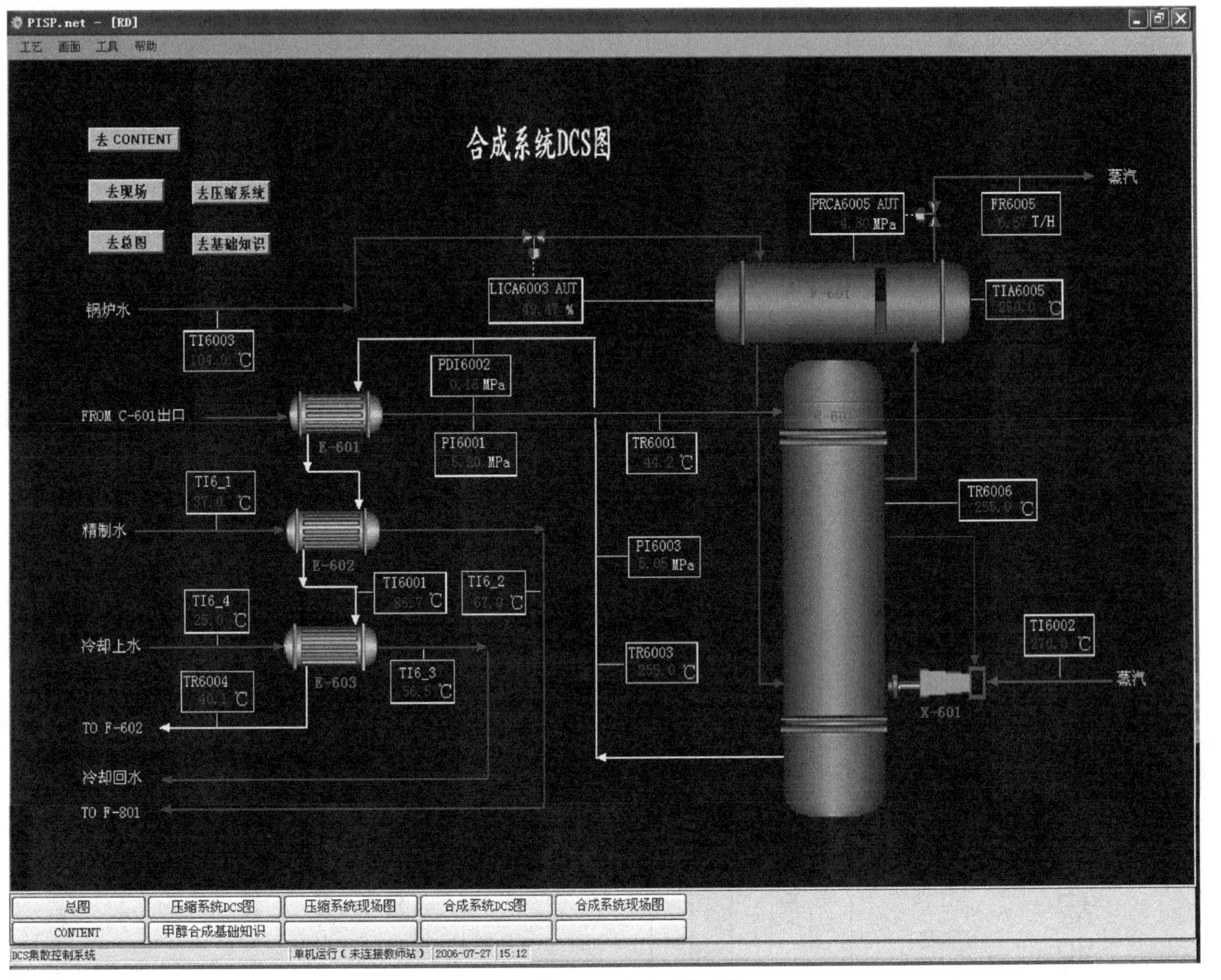

图 5-7　甲醇合成工段合成系统总图

3. 连串副反应

$$2CH_3OH \longrightarrow CH_3OCH_3 + H_2O$$

$$CH_3OH + nCO + 2nH_2 \longrightarrow C_nH_{2n+1}CH_2OH + nH_2O$$

$$CH_3OH + nCO + 2(n-1)H_2 \longrightarrow C_nH_{2n+1}COOH + (n-1)H_2O$$

这些副反应的产物还可以进一步发生脱水、缩水、酰化等反应，生成烯烃、酯类副产物。当催化剂中含有碱性化合物时，这些化合物的生成速率更快。副反应不仅消耗原料，而且影响粗甲醇的质量和催化剂的寿命，特别是生成甲烷的反应，该反应是一个强放热反应，不利于操作控制，而且生成的甲烷不能随产品冷凝存在于循环系统中，更不利于主反应的化学平衡和反应速率。

二、合成气化学合成法生产甲醇影响因素的分析

1. 反应温度

在甲醇合成反应过程中，温度对于反应混合物的平衡和速率都有很大影响。

M5-5 甲醇生产的影响因素

对于化学反应来说，温度升高会使分子的运动加快，分子间的有效碰撞增多，并使分子克服化合时的阻力的能力增大，从而增加了分子有效结合的机会，使甲醇合成反应的速率加快；但是，由一氧化碳加氢生成甲醇的反应和由二氧化碳加氢生成甲醇的反应均为可逆的放热反应，对于可逆的放热反应来讲，温度升高固然使反应速率常数增大，但平衡常数的数值将会降低。因此，甲醇合成存在一个最适宜温度。催化剂床层的温度分布要尽可能接近最适宜温度曲线。

另一方面，反应温度与所选用的催化剂有关，不同的催化剂有不同的活性温度。一般Zn-Cr催化剂的活性温度为320～400℃，铜基催化剂的活性温度为200～290℃。对每种催化剂在活性温度范围内都有较适宜的操作温度区间，如Zn-Cr催化剂为370～380℃，铜基催化剂为250～270℃。

为了防止催化剂迅速老化，在催化剂使用初期，反应温度宜维持在较低的数值，随着使用时间增长，逐步提高反应温度。但必须指出的是：整个催化剂层的温度都必须维持在催化剂的活性温度范围内。因为如果某一部位的温度低于活性温度，则这一部位的催化剂的作用就不能充分发挥；如果某一部位的催化剂温度过高，则有可能引起催化剂过热而失去活性。因此，整个催化剂层温度控制应尽量接近于催化剂的活性温度。

另外，甲醇合成反应速率越高，则副反应增多，生成的粗甲醇中有机杂质等组分的含量也增多，给后期粗甲醇的精馏加工带来困难。

因此，严格控制反应温度并及时有效地移走反应热是甲醇合成反应器设计和操作的关键问题。为此，反应器内部结构比较复杂，一般采用冷激式和间接换热式两种。

2. 压力

压力也是甲醇合成反应过程的重要工艺条件之一。从热力学分析，甲醇合成是体积缩小的反应，因此增加压力对平衡有利，可提高甲醇平衡产率。在高压下，因气体体积缩小了，则分子之间互相碰撞的机会和次数就会增多，甲醇合成反应速率也就会因此加快。因而，无论对于反应的平衡或速率，提高压力总是对甲醇合成有利。但是合成压力不是单纯由一个因

素来决定的，它与选用的催化剂、温度、空速、碳氢比等因素都有关系。而且，甲醇平衡浓度也不是随压力而成比例地增加，当压力提高到一定程度也就不再往上增加。另外，过高的反应压力为设备制造、工艺管理及操作都带来困难，不仅增加了建设投资，而且增加了生产中的能耗。

对于合成甲醇反应，目前工业上使用三种方法，即高压法、中压法、低压法。最初采用锌-铬催化剂，因其活性温度较高，合成反应在较高的温度下进行，相应的平衡常数小，则需采用较高的压力，一般选用 25～30MPa。在较高的压力和温度下，一氧化碳和氢生成二甲醚、甲烷、异丁醇等副产物，这些副反应的反应热高于甲醇合成反应，使床层温度提高，副反应更加快速，如果不及时控制，会造成温度猛升而损坏催化剂。目前普遍使用的铜系催化剂，其活性温度低，操作压力可降至 5MPa。低压法单系列的日产量可达 1000～2000t 以上，但低压法生产也存在一些问题，即当生产规模更大时，低压流程的设备与管道显得庞大，而且对热能的回收也不利，因此发展了压力为 10～15MPa 的甲醇合成中压法，中压法也采用铜系催化剂。

3. 催化剂

目前工业生产中广泛采用的是 ZnO 基和 CuO 基的二元或多元催化剂。其中以 ZnO 或 CuO 为主催化剂，同时还要加入一些助催化剂。

ZnO 催化剂中加入的助催化剂往往是一些难还原的金属氧化物，它们本身无活性，但都具有较高的熔点，能阻止主催化剂的老化。作为助催化剂的金属氧化物有 Cr_2O_3、Al_2O_3、V_2O_3、MgO、ThO_2、Ta_2O_5 和 CdO，其中最有效的成分为 Cr_2O_3。在 CuO 催化剂中，加入结构型助催化剂 Al_2O_3，起着分散和间隔活性组分的作用，加入适量的 Al_2O_3 可提高催化剂的活性和热稳定性。我国目前使用的是 C301 型 Cu 系催化剂，为 Cu-Zn-Al 三元催化剂，活性组分为 CuO，加入 ZnO 可以提高催化剂的热稳定性和活性。

CuO 和 ZnO 两种组分有相互促进的作用。实验证明，CuO-ZnO 催化剂的活性比任何单独氧化物的活性都高。但该二元催化剂对老化的抵抗力差，并对毒物十分敏感。有实际意义的含铜催化剂都是三组分氧化物催化剂，第三组分是 Al_2O_3 或 Cr_2O_3。由于铬对人体有害，因此在工业上 CuO-ZnO-Al_2O_3 应用更为普遍。

4. 空速

空速的大小影响甲醇合成反应的选择性和转化率。表 5-5 所示为在铜基催化剂上转化率、生产能力随空速的变化数据。

表 5-5　在铜基催化剂上转化率、生产能力随空速的变化数据

空速/h^{-1}	CO 转化率/%	粗甲醇产量/[m^3·(m^3 催化剂·h)$^{-1}$]
20000	50.1	25.8
30000	41.5	26.1
40000	32.2	28.4

从表 5-5 中可以看出，增加空速在一定的程度上能够增加甲醇的产量。另外，增加空速有利于反应热的移出，防止催化剂过热。但空速太高，转化率降低，导致循环气量增加，从而增加能量消耗。同时，空速过高会增加分离设备和换热设备的负荷，引起甲醇分离效果降

低，甚至由于带出热量太多，造成合成塔内的催化剂温度难以控制。适宜的空速与催化剂的活性、反应温度及进塔原料气组成有关。采用铜基催化剂的低压法合成甲醇，在工业生产上一般控制空速为 10000～20000h^{-1}；若采用锌基催化剂，则空速一般为 35000～40000h^{-1}。

5. 原料气组成

甲醇合成反应原料气的化学计量比为 $V(H_2):V(CO)=2:1$，但生产实践证明，一氧化碳含量高，不仅对温度控制不利，而且会引起羰基铁在催化剂上的积聚，使催化剂失去活性，故一般采用氢气过量。氢气过量可以抑制高级醇、高级烃和还原性物质的生成，提高粗甲醇的浓度和纯度。同时，过量的氢气可以起到稀释作用，且因氢气的导热性能好，有利于防止局部过热和控制整个催化剂床层的温度。

原料气中氢气和一氧化碳的比例对一氧化碳生成甲醇的转化率也有较大影响，增加氢气的浓度，可以提高一氧化碳的转化率。但是，氢气过量太多会降低反应设备的生产能力。在工业生产上采用铜基催化剂的低压法合成甲醇，一般控制氢气与一氧化碳的摩尔比为(2.2～3.0)：1。

由于二氧化碳的比热容比一氧化碳高，其加氢反应热效应却较小，故原料气中有一定含量的二氧化碳时，可以降低反应的峰值温度。对于低压法合成甲醇，二氧化碳含量体积分数为 5%时甲醇收率最好。此外，二氧化碳的存在也可抑制二甲醚的生成。

原料气中有氮气等惰性气体存在时，使氢气及一氧化碳的分压降低，导致反应转化率下降。由于合成甲醇空速大，接触时间短，单程转化率低，因此反应气体中仍含有大量未转化的氢气和一氧化碳，必须循环使用。为了避免惰性气体的积累，必须将部分循环气从反应系统中排出，使反应系统中的惰性气体含量保持在一定的浓度范围内。在工业生产上一般控制循环气量为新鲜原料气量的 3.5～6 倍。

活动二　甲醇生产安全分析

在甲醇的生产过程中，具有较多的有毒有害物质和易燃易爆物质，而且生产流程复杂，运转设备和高温、高压设备较多。因此在操作中，应该正确控制各种工艺参数，防止各种危险事故的发生，保证人身安全和设备安全。请结合本节课的学习，总结甲醇的安全生产应该注意哪些事项。

M5-6　甲醇生产安全技术

合成气化学合成法生产甲醇工艺的影响因素有哪些，分别会产生什么影响。

任务五 合成岗位操作

任务描述

利用仿真软件，模拟生产反应车间工艺操作。在操作过程中监控现场仪表、正确调节现场机泵和阀门，遇到异常现象时发现故障原因并排除，保证生产装置的正常运行。

任务目标

素质目标

① 具备按照操作规程操作、密切注意生产状况的职业素质；

② 具有团队合作能力。

知识目标

① 掌握化学合成法制甲醇的反应原理、工艺条件和工艺流程；

② 掌握甲醇生产过程中的安全、卫生防护等知识。

能力目标

① 能够按照操作规程进行合成岗位的开车、停车操作；

② 能够按照操作规程控制反应过程的工艺参数；

③ 能够根据反应过程中的异常现象分析故障原因，排除故障。

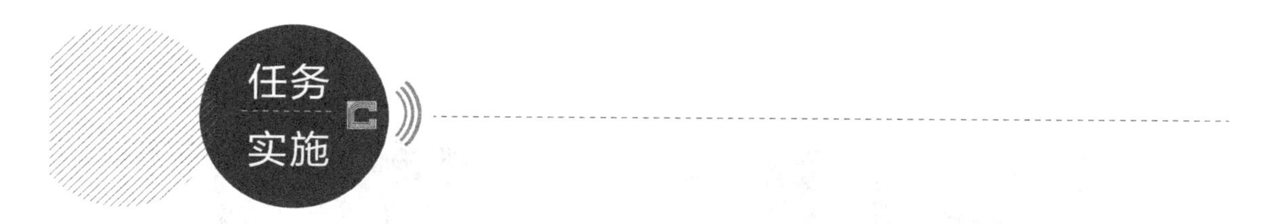

活动一　流程认知

在 A3 图纸上绘制图 5-8 工艺总流程图，叙述工艺流程，写出主要物料的生产流程。学生互换 A3 图纸，在教师指导下根据表 5-6 进行评分，标出错误，进行纠错。

表 5-6　甲醇合成工段装置总流程图评分标准

序号	考核内容	考核要点	配分	评分标准	扣分	得分	备注
1	准备工作	工具、用具准备	5	工具携带不正确扣 5 分			
2	图纸评分	排布合理，图纸清晰	10	不合理、不清晰扣 10 分			
3		边框	5	格式不正确扣 5 分			
4		标题栏	5	格式不正确扣 5 分			
5		塔器类设备齐全	15	漏一项扣 5 分			
6		主要加热炉、冷换设备齐全	15	漏一项扣 5 分			
7		主要泵齐全	15	漏一项扣 5 分			
8		主要阀门齐全（包括调节阀）	15	漏一项扣 5 分			
9		管线	15	管线错误一条扣 5 分			
合计			100				

甲醇合成工段生产流程：

原料→______→______→______→______→______→去精制工段→______。

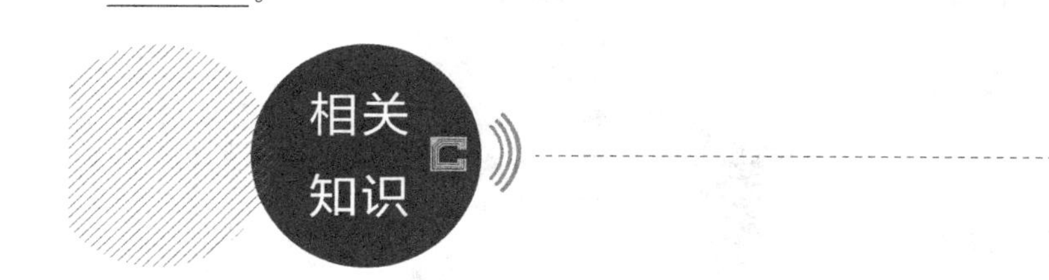

甲醇合成装置仿真系统的设备包括蒸汽透平（T-601）、循环气压缩机（C-601）、甲醇分离器（F-602）、精制水预热器（E-602）、中间换热器（E-601）、最终冷却器（E-603）、甲醇合成塔（R-601）、蒸汽包（F-601）以及开工喷射器（X-601）等。甲醇合成是强放热反应，进入催化剂层的合成原料气需先加热到反应温度（>210℃）才能反应，而低压甲醇合成催化剂

M5-7　甲醇合成装置认知

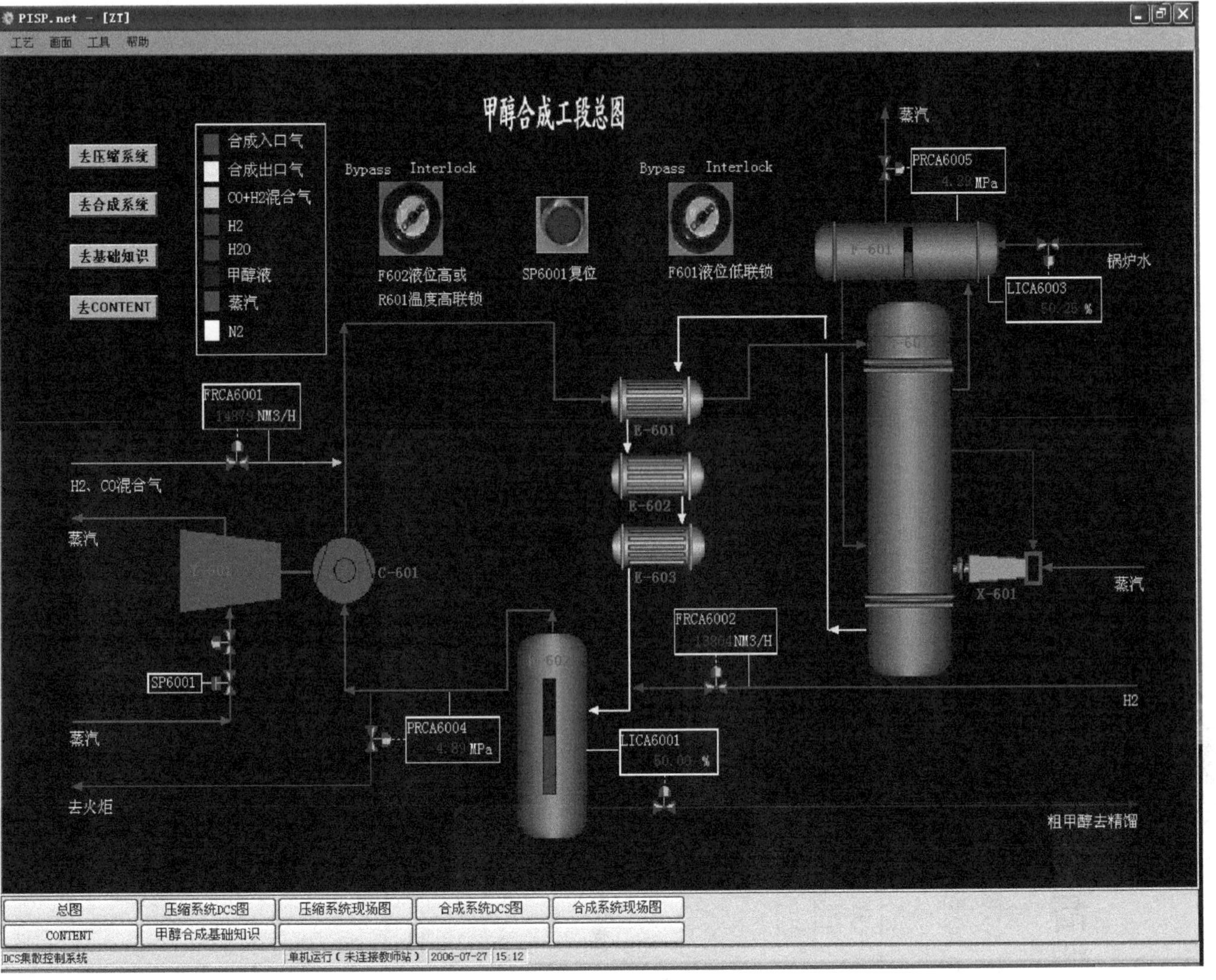

图 5-8 甲醇合成工段总流程图

（铜基催化剂）又易过热失活（>280℃），就必须将甲醇合成反应热及时移走，本反应系统将原料气加热和反应过程中移热结合，反应器和换热器结合连续移热，同时达到缩小设备体积和减少催化剂层温差的作用。低压合成甲醇的理想合成压力为4.8～5.5MPa，在本仿真中，假定压力低于3.5MPa时反应即停止。

蒸汽驱动透平带动压缩机运转，提供循环气连续运转的动力，并同时往循环系统中补充H_2和混合气（$CO+H_2$），使合成反应能够连续进行。反应放出的大量热通过蒸汽包F-601移走，合成塔入口气在中间换热器E-601中被合成塔出口气预热至46℃后进入合成塔R-601，合成塔出口气由255℃依次经中间换热器E-601、精制水预热器E-602、最终冷却器E-603换热至40℃，与补加的H_2混合后进入甲醇分离器F-602，分离出的粗甲醇送往精馏系统进行精制，气相的一小部分送往火炬，气相的大部分作为循环气被送往压缩机C-601，被压缩的循环气与补加的混合气混合后经E-601进入反应器R-601。

合成甲醇流程控制的重点是反应器的温度、系统压力以及合成原料气在反应器入口处各组分的含量。反应器的温度主要是通过蒸汽包来调节，如果反应器的温度较高并且升温速度较快，这时应将蒸汽包蒸汽出口开大，增加蒸汽采出量，同时降低蒸汽包压力，使反应器温度降低或温升速度变小；如果反应器的温度较低并且升温速度较慢，这时应将蒸汽包蒸汽出口关小，减少蒸汽采出量，慢慢升高蒸汽包压力，使反应器温度升高或温降速度变小；如果反应器温度仍然偏低或温降速度较大，可通过开启开工喷射器X601来调节。系统压力主要靠混合气入口量FRCA6001、H_2入口量FRCA6002、放空量FRCA6004以及甲醇在分离罐中的冷凝量来控制；在原料气进入反应塔前有一安全阀，当系统压力高于5.7MPa时，安全阀会自动打开，当系统压力降回5.7MPa以下时，安全阀会自动关闭，从而保证系统压力不至过高。合成原料气在反应器入口处各组分的含量是通过混合气入口量FRCA6001、H_2入口量FRCA6002以及循环量来控制的，冷态开车时，由于循环气的组成没有达到稳态时的循环气组成，需要慢慢调节才能达到稳态时的循环气组成。调节组成的方法是：

① 如果增加循环气中H_2的含量，应开大FRCA6002，增大氢气循环量并减小FRCA6001，经过一段时间后，循环气中H_2含量会明显增大；

② 如果减小循环气中H_2的含量，应关小FRCA6002，减小氢气循环量并增大FRCA6001，经过一段时间后，循环气中H_2含量会明显减小；

③ 如果增加反应塔入口气中H_2的含量，应关小FRCA6002并增加循环量，经过一段时间后，入口气中H_2含量会明显增大；

④ 如果降低反应塔入口气中H_2的含量，应开大FRCA6002并减小循环量，经过一段时间后，入口气中H_2含量会明显减小。

循环量主要是通过透平来调节。由于循环气组分多，所以调节起来难度较大，不可能一蹴而就，需要一个缓慢的调节过程。调平衡的方法是：通过调节循环气量和混合气入口量使反应入口气中H_2/CO（体积比）在7～8之间，同时通过调节FRCA6002，使循环气中H_2的含量尽量保持在79%左右，同时逐渐增加入口气的量直至正常[FRCA6001的正常量（标准状态下）为14877m^3/h，FRCA6002的正常量为13804m^3/h]，达到正常后，新鲜气中H_2与CO之比在2.05～2.15之间。

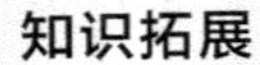

知识拓展

规范操作与责任意识

2008年8月2日上午10时2分，贵州兴化化工股份有限责任公司甲醇储罐区一精甲醇储罐发生爆炸燃烧，引发该罐区内其他5个储罐相继发生爆炸燃烧。该储罐区共有8个储罐，其中粗甲醇储罐2个（各为1000m^3）、精甲醇储罐5个（3个为1000m^3、2个为250m^3）、杂醇油储罐1个（250m^3），事故造成5个精甲醇储罐和杂醇油储罐爆炸燃烧（爆炸燃烧的精甲醇约240t、杂醇油约30t）。2个粗甲醇储罐未发生爆炸、泄漏。事故发生后，政府及相关部门立即开展事故应急救援工作，控制了事故的进一步蔓延，但该事故发生在奥运前夕，影响十分恶劣。

此次事故是一起因严重违规违章施工作业引发的责任事故，而且发生在奥运会前期，教训十分深刻，暴露出危险化学品生产企业安全管理上存在的一些突出问题。

化工企业的生产流程极具规范化，相应地在出现纰漏时往往具有严重的危害性。因此，我国对于化工企业在安全上提出了相关的制度和规范。在化工生产中，为了实现化工生产过程安全稳定地进行，规范操作与责任意识十分重要。对企业上的每一个岗位、每一个部门，都要将责任具体落实到位，各个相关部门的工作人员都要树立规范操作与责任意识。

活动二　设备认知

图5-8是甲醇合成工段总流程图，根据图5-8，找出装置中的主要设备，并分析其作用，完成表5-7。

表5-7　甲醇合成工段装置主要设备表

序号	设备名称	流入物料	流出物料	设备主要作用
1				
2				
3				
4				
5				
6				
7				

活动三　参数控制

图 5-9 和图 5-10 分别为压缩系统和合成系统的 DCS 图，根据图 5-8～图 5-10，找出甲醇合成工段装置主要控制仪表，完成表 5-8。

表 5-8　甲醇合成工段装置主要控制仪表

序号	1	2	3	4	5	6	7	8
仪表位号	FIC6101	FRCA6001	FRCA6002	FRCA6004	FRCA6005	LICA6001	LICA6003	SIC6202
作用								
控制指标								

活动四　开、停车操作

M5-8　甲醇合成冷态开车操作

M5-9　甲醇合成岗位操作规程

根据操作规程（扫描二维码，参考详细操作规程）进行 DCS 仿真系统的冷态开车、正常停车、紧急停车操作，并在“完成否”列做好记录，完成表 5-9。

表 5-9　甲醇合成工段装置仿真操作完成情况记录表

项目	序号	步骤	完成否
冷态开车	1	开车准备	
	2	引锅炉水	
	3	N_2 置换	
	4	建立循环	
	5	H_2 置换充压	
	6	投原料气	
	7	反应器升温	
	8	调至正常	
正常停车			
紧急停车			

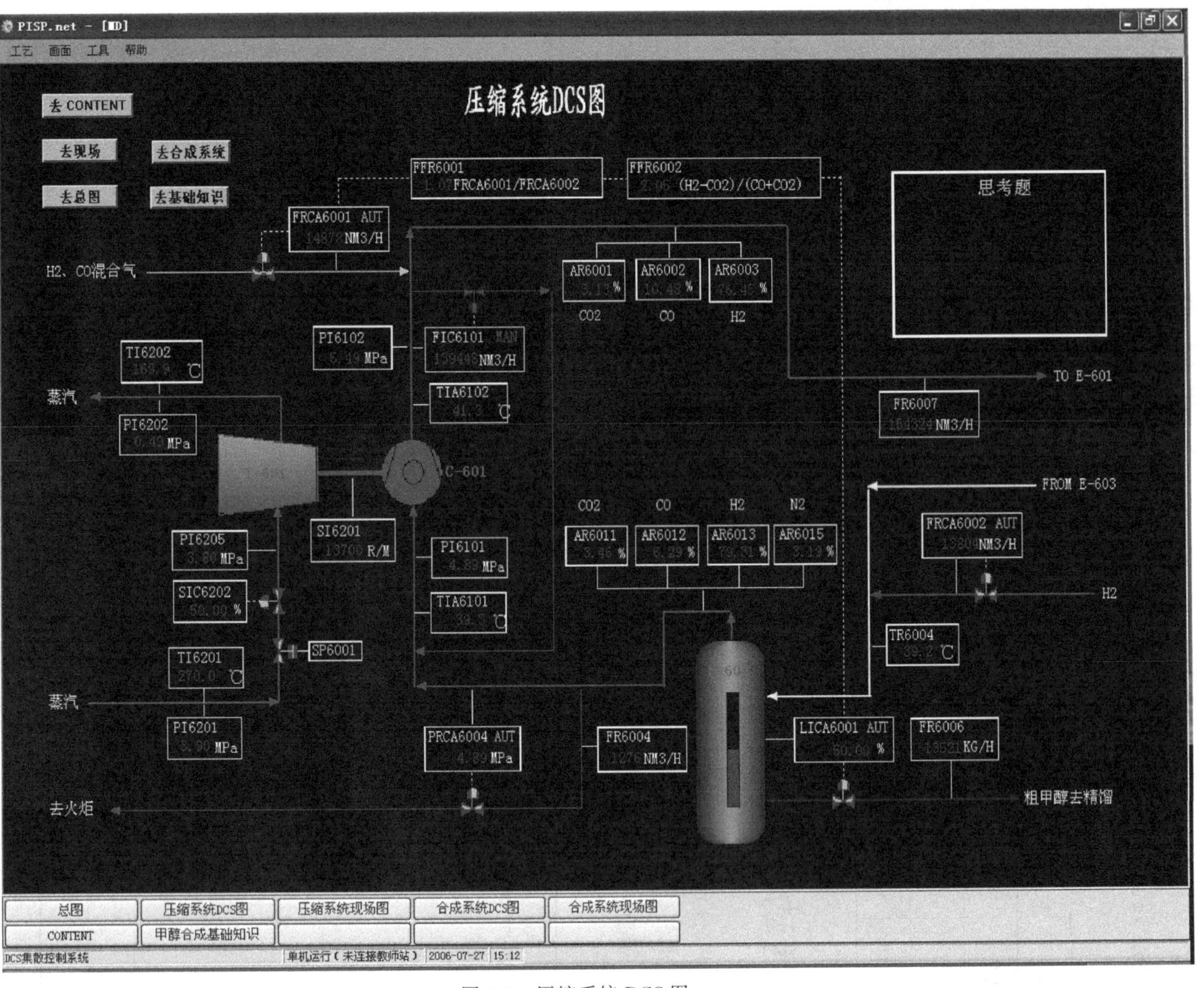

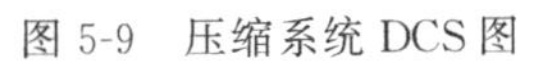
图 5-9 压缩系统 DCS 图

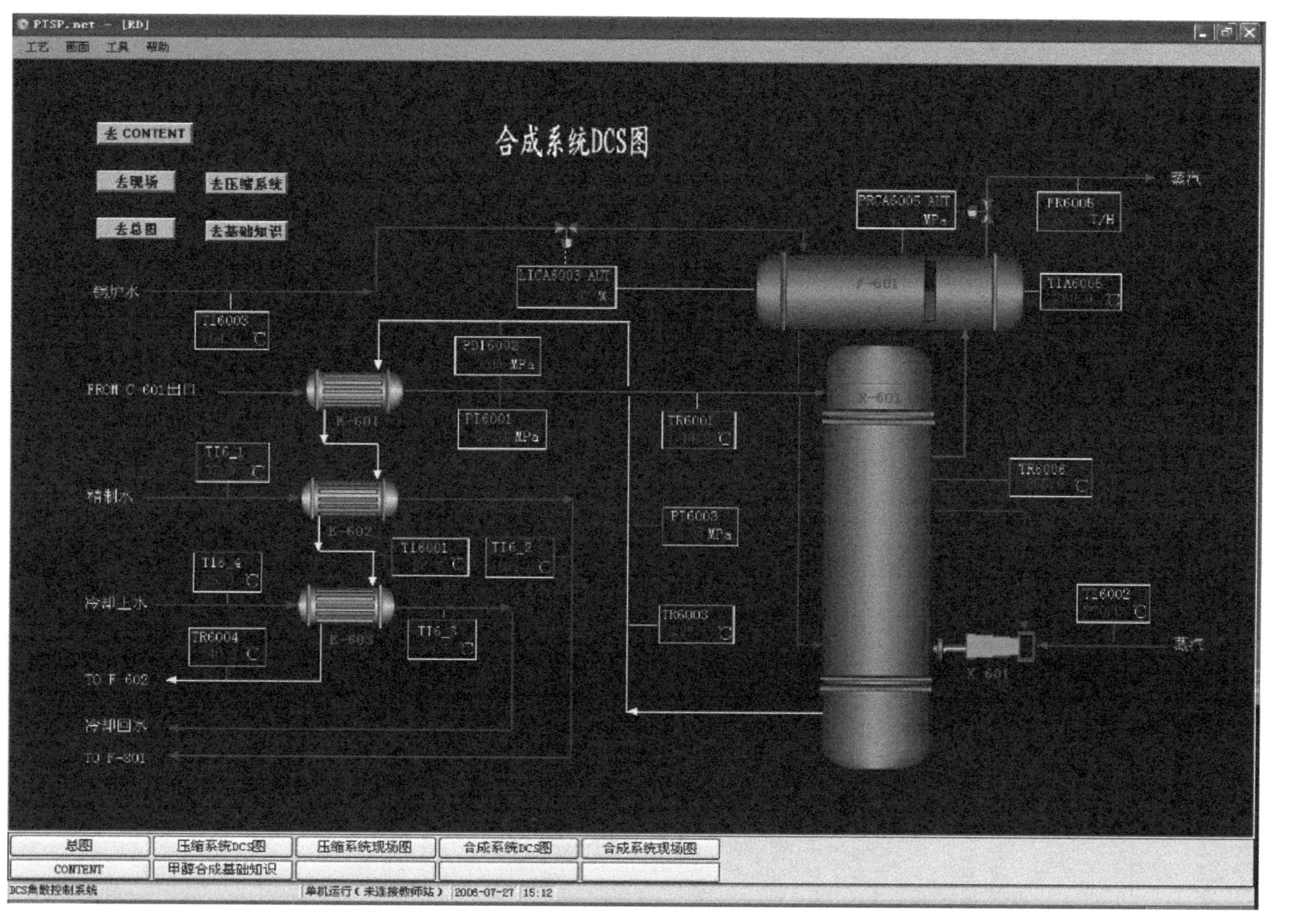

图 5-10　合成系统 DCS 图

活动五　故障处理操作

以小组为单位，根据在仿真操作过程中遇到的故障问题，分析原因，找到解决方法，以“分离罐液位高或反应器温度高联锁”故障为例，完成表 5-10。

表 5-10　甲醇合成装置故障及解决方法

序号	故障	现象	原因	解决方法
1	分离罐液位高或反应器温度高联锁	分离罐 F-602 的液位 LICA6001 高于 70%，或甲醇合成塔 R-601 的温度 TR6006 高于 270℃。原料气进气阀 FRCA6001 和 FRCA6002 关闭，透平电磁阀 SP6001 关闭	(1) F-602 液位高；(2) R-601 温度高联锁	等联锁条件消除后，按“SP6001 复位”按钮，透平电磁阀 SP6001 复位；手动开启进料控制阀 FRCA6001 和 FRCA6002
2	反应塔温度高报警			
3	反应塔温度低报警			
4	分离罐液位高报警			
5	压力 PI6001 高报警			
6	蒸汽包液位低报警			

1. 在合成装置仿真操作过程中，重点的工艺控制参数有哪些？
2. 记录在仿真操作过程中出现的异常现象，找出原因及调节方法。

任务六
精制岗位操作

任务描述

某车间已通过化学合成法生产出一批甲醇粗产品，要求在分离精制车间将这批粗产品进行分离精制。以班组形式组织活动，利用仿真软件模拟其操作。在操作过程中监控现场仪表、正确调节现场机泵和阀门，遇到异常现象时发现故障原因并排除，保证装置的正常运行。

任务目标

素质目标

① 具备有按照操作规程操作、密切注意生产状况的职业素质；

② 具有团队合作能力。

知识目标

掌握甲醇精制过程的原理和工艺流程。

能力目标

① 能够按照操作规程进行精制岗位的开车、停车操作；

② 能够按照操作规程控制精制过程的工艺参数；

③ 能够根据操作过程中的异常现象分析故障原因，排除故障。

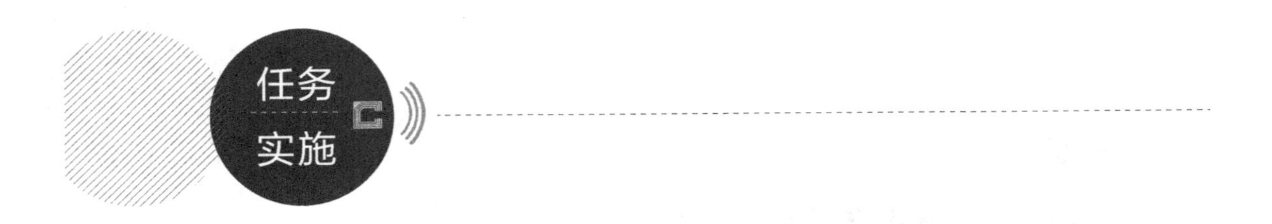

活动一　流程认知

图 5-11~ 图 5-14 分别为甲醇精馏装置预塔、加压塔、常压塔及回收塔的 DCS 图，在 A3 图纸上绘制甲醇精制总流程图，叙述工艺流程，写出主要物料的生产流程。学生互换 A3 图纸，在教师指导下根据表 5-11 进行评分，标出错误，进行纠错。

表 5-11　甲醇精制工段装置总流程图评分标准

序号	考核内容	考核要点	配分	评分标准	扣分	得分	备注
1	准备工作	工具、用具准备	5	工具携带不正确扣 5 分			
2	图纸评分	排布合理，图纸清晰	10	不合理、不清晰扣 10 分			
3		边框	5	格式不正确扣 5 分			
4		标题栏	5	格式不正确扣 5 分			
5		塔器类设备齐全	15	漏一项扣 5 分			
6		主要加热炉、换热设备齐全	15	漏一项扣 5 分			
7		主要泵齐全	15	漏一项扣 5 分			
8		主要阀门齐全（包括调节阀）	15	漏一项扣 5 分			
9		管线	15	管线错误一条扣 5 分			
合计			100				

甲醇精制工段生产流程：

粗甲醇→________→________→________→________→________→精甲醇→________。

相关知识

本工段采用四塔精馏工艺，包括预塔、加压塔、常压塔及甲醇回收塔。预塔的主要目的是除去粗甲醇中溶解的气体（如 CO_2、CO、H_2 等）及低沸点组分（如二甲醚、甲酸甲酯），加压塔及常压塔的目的是除去水及高沸点杂质（如异丁基油），同时获得高纯度的优质甲醇产品。另外，为了减少废水排放，增设甲醇回收塔，进一步回收甲醇，减少废水中甲醇的含量。

M5-10　甲醇精制装置认知

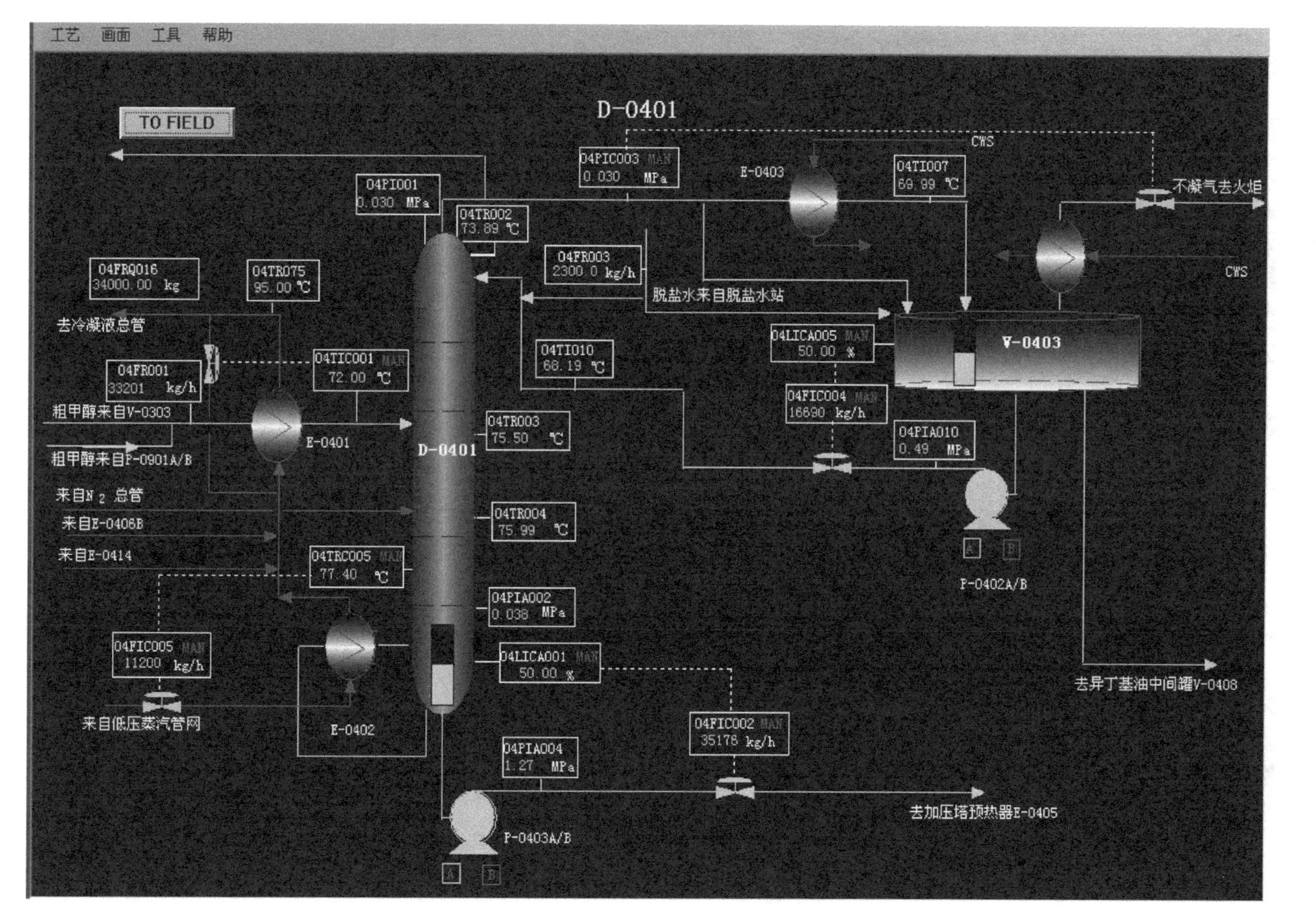
工艺 画面 工具 帮助
TO FIELD
D-0401
04PIC003 MAN
0.030 MPa
E-0403
CWS
04TI007
69.99 ℃
不凝气去火炬
04PI001
0.030 MPa
04TR002
73.89 ℃
04FR003
2300.0 kg/h
CWS
04FRQ016
34000.00 kg
04TR075
95.00 ℃
脱盐水来自脱盐水站
去冷凝液总管
04TI010
68.19 ℃
04LICA005 MAN
50.00 %
V-0403
04FR001
33201 kg/h
04TIC001 MAN
72.00 ℃
04FIC004 MAN
16690 kg/h
粗甲醇来自V-0303
E-0401
04TR003
75.50 ℃
04PIA010
0.49 MPa
粗甲醇来自P-0901A/B
D-0401
来自N 2 总管
04TR004
75.99 ℃
来自E-0406B
来自E-0414
04TRC005 MAN
77.40 ℃
P-0402A/B
04PIA002
0.038 MPa
04FIC005 MAN
11200 kg/h
04LICA001 MAN
50.00 %
去异丁基油中间罐V-0408
来自低压蒸汽管网
E-0402
04FIC002 MAN
35178 kg/h
04PIA004
1.27 MPa
去加压塔预热器E-0405
P-0403A/B

图 5-11　预塔 DCS 图

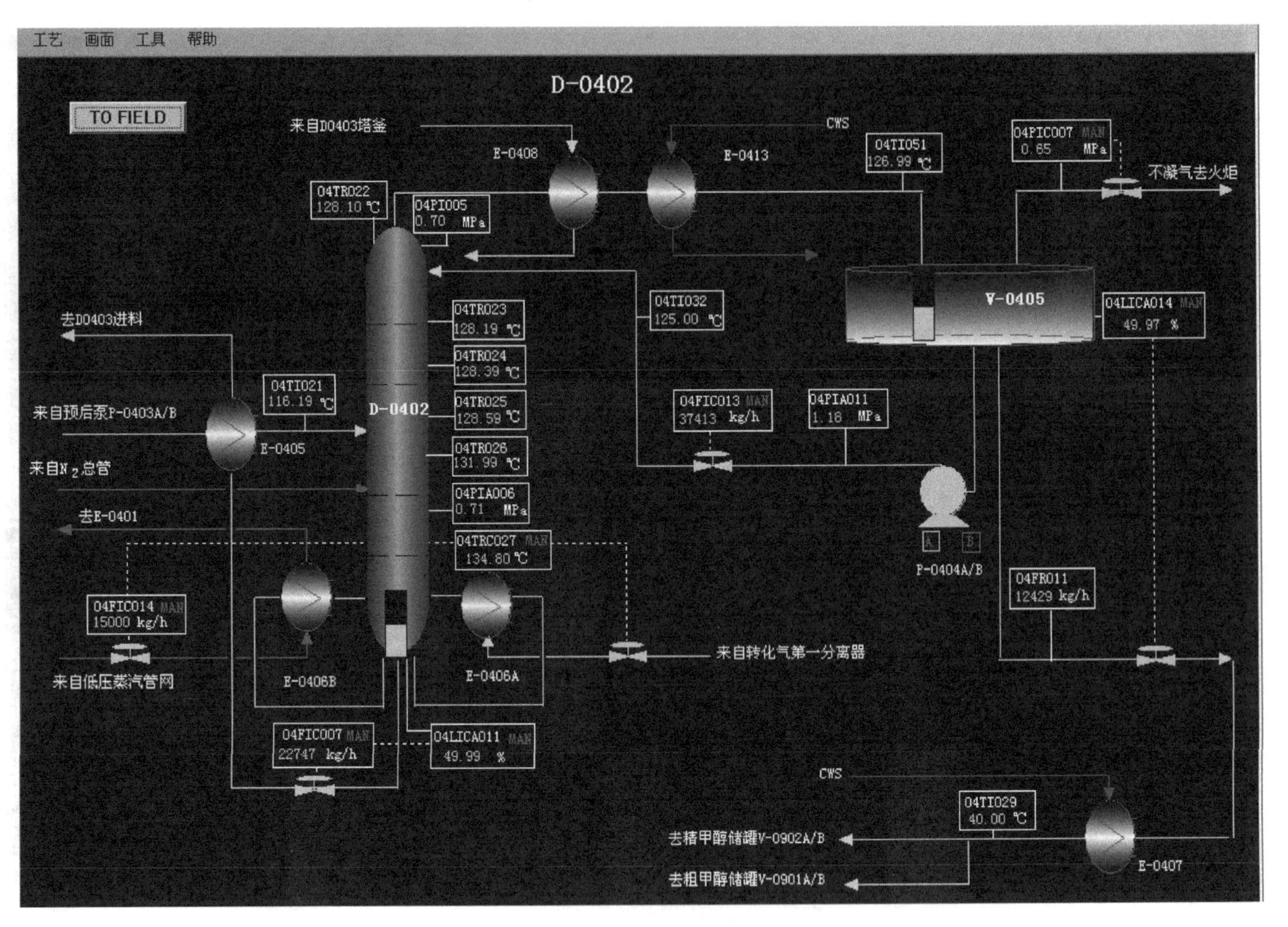

图 5-12 加压塔 DCS 图

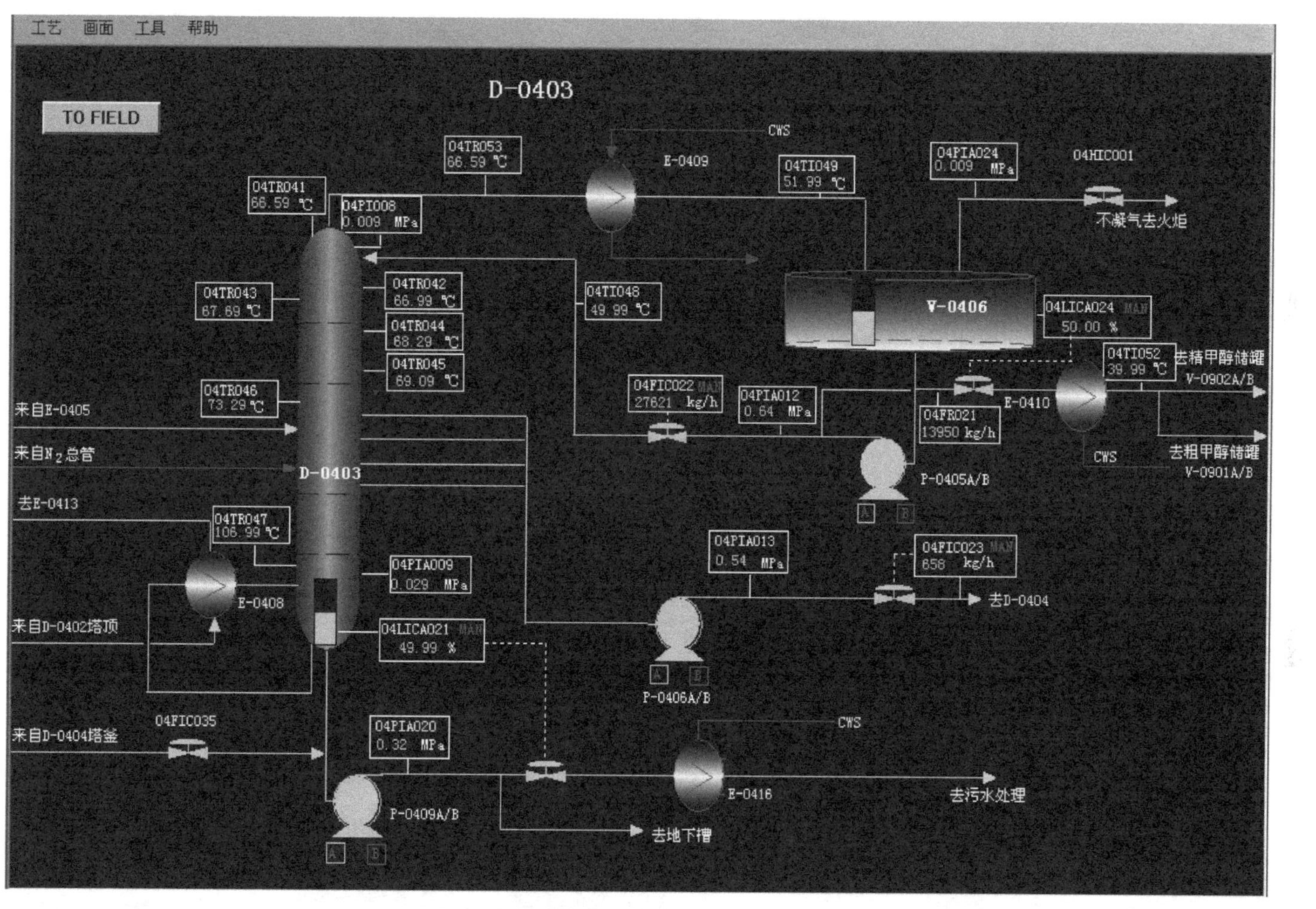

图 5-13 常压塔 DCS 图

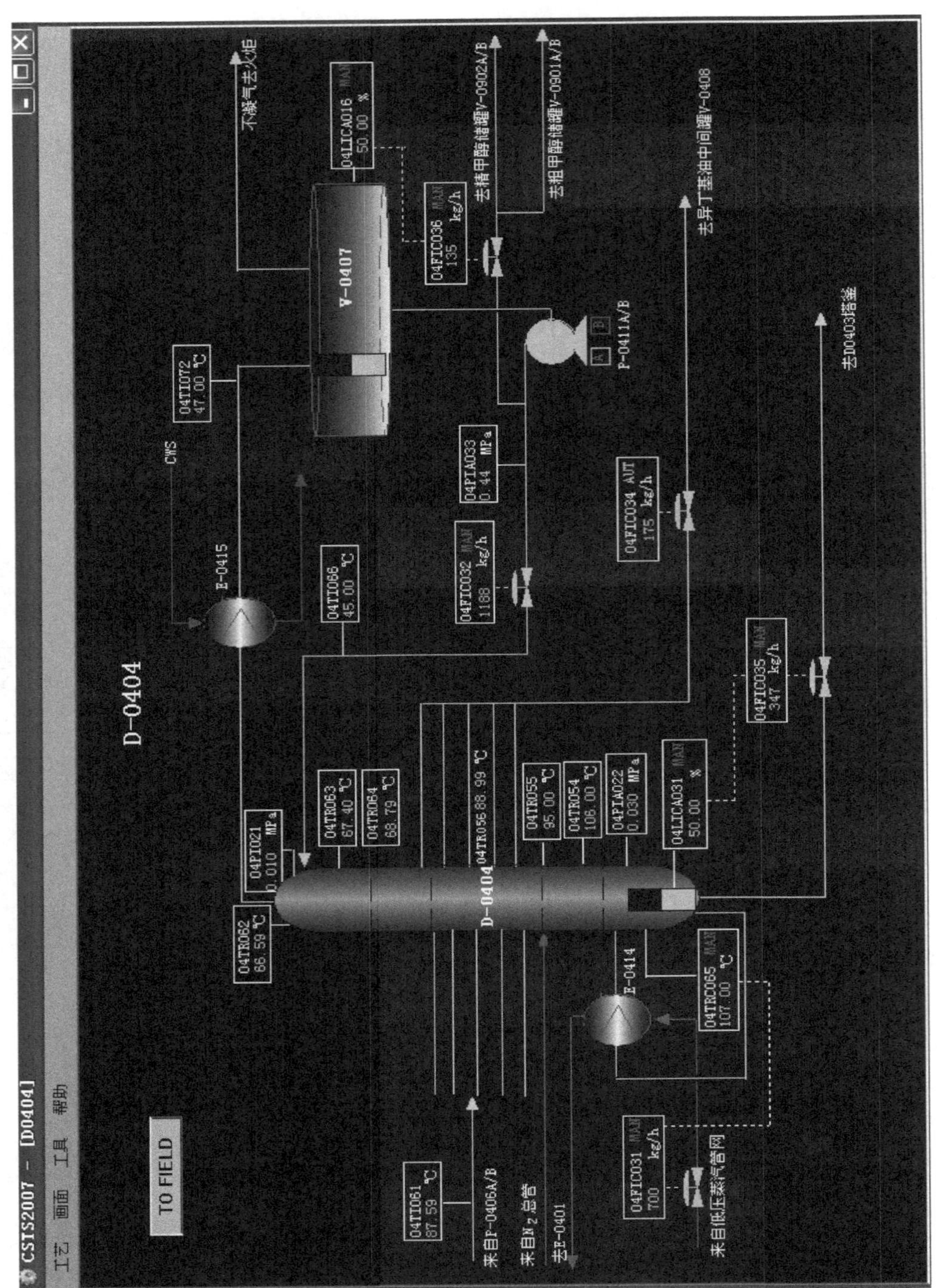

图 5-14 回收塔 DCS 图

从甲醇合成工段来的粗甲醇进入粗甲醇预热器（E-0401）与预塔再沸器（E-0402）、加压塔再沸器（E-0406B）和回收塔再沸器（E-0414）来的冷凝水进行换热后进入预塔（D-0401），经D-0401分离后，塔顶汽相为二甲醚、甲酸甲酯、二氧化碳、甲醇等蒸气，经二级冷凝后，不凝气通过火炬排放，冷凝液中补充脱盐水返回D-0401作为回流液。塔釜为甲醇水溶液，经P-0403A/B增压后在E-0405中进行预热，然后进入D-0402。

经D-0402分离后，塔顶汽相为甲醇蒸气，与常压塔（D-0403）塔釜液换热后部分返回D-0402打回流，部分采出作为精甲醇产品，经E-0407冷却后送中间罐区产品罐，塔釜出料液在E-0405中与进料换热后作为D-0403塔的进料。

在D-0403中甲醇与轻重组分以及水得以彻底分离，塔顶汽相为含微量不凝气的甲醇蒸气，经冷凝后，不凝气通过火炬排放，冷凝液部分返回D-0403打回流，部分采出作为精甲醇产品，经E-0410冷却后送中间罐区产品罐，塔下部侧线采出杂醇油作为回收塔（D-0404）的进料。塔釜出料液为含微量甲醇的水，经P-0409A/B增压后送污水处理厂。

经D-0404分离后，塔顶产品为精甲醇，经E-0415冷却后部分返回D-0404回流，部分送精甲醇罐，塔中部侧线采出异丁基油送中间罐区副产品罐，底部的少量废水与D-0403塔釜废水合并。

活动二　设备认知

请根据图5-11~图5-14，找出甲醇精制工艺流程图中的主要设备，分析设备进出物流的组成，总结各设备的作用，完成表5-12。

表5-12　甲醇精制工段装置主要设备表

序号	设备名称	流入物料	流出物料	设备主要作用
1				
2				
3				
4				
5				
6				
7				

活动三　参数控制

根据图5-11~图5-14，找出甲醇精制装置常压塔系统的主要仪表，并分析其作用，完成表5-13。

表 5-13 甲醇精制装置常压塔主要仪表

序号	1	2	3	4	5	6	7	8
仪表位号	04FIC022	04FR021	04FIC023	04TR041	04TR042	04TR043	04TR044	04TR045
作用								
控制指标								

序号	9	10	11	12	13	14	15
仪表位号	04TR046	04TR047	04TI048	04TI049	04TI052	04TR053	04PI008
作用							
控制指标							

序号	16	17	18	19	20	21	22
仪表位号	04PIA024	04PIA012	04PIA013	04PIA020	04PIA009	04LICA024	04LICA021
作用							
控制指标							

活动四　开、停车操作

M5-11 甲醇精制工段仿真操作规程

M5-12 甲醇精制工段开车操作

根据操作规程（扫描二维码，参考详细操作规程）进行 DCS 仿真系统的冷态开车、正常停车，并在“完成否”列做好记录，完成表 5-14。

表 5-14 甲醇合成工段装置仿真操作完成情况记录表

项目	序号	步骤	完成否
冷态开车	1	开车准备	
	2	预塔、加压塔和常压塔开车	
	3	回收塔开车	
	4	调节至正常	
正常停车			

活动五　故障处理操作

在装置操作过程中，会不可避免地会遇到各种故障，请分析在甲醇精制装置操作过程中，当遇到回流控制阀 FV4004 阀卡和回流泵 P-0402A 故障两个故障时，分别会出现什么现象，找出原因及解决方法，完成表 5-15。

表 5-15　甲醇精制装置故障及解决方法

序号	故障	现象	原因	解决方法
1	回流控制阀 FV4004 阀卡			
2	回流泵 P-0402A 故障			

1. 在甲醇精制装置仿真操作过程中，重点的工艺操作参数有哪些？
2. 记录在仿真操作过程中出现的异常现象，找出原因及调节方法。

一、填空题

1. 化学合成法生产甲醇的反应式：________。
2. 甲醇铜基催化剂的主要成分是：________。
3. 甲醇的质量标准有：________、________、________、________、________、________等。
4. 甲醇精制中，预精馏塔的作用是________；加压塔、精馏塔的作用是________。
5. 变换工序的主要目的是：________。

二、简答题

1. 简述甲醇主要的物理化学性质。
2. 甲醇生产过程中的危险有害因素有哪些？该采取怎样的防护措施？
3. 合成甲醇的影响因素有哪些？
4. 甲醇合成气中二氧化碳的作用是什么？
5. 查阅资料，说明目前甲醇合成催化剂有哪些种类。
6. 分析粗甲醇中有哪些杂质？
7. 甲醇精馏过程中，预塔的作用是什么？加碱液的作用是什么？
8. 查阅资料，思考如何控制精甲醇中水分含量不超标。

模块六

苯胺的生产

本模块基于工业上苯胺生产的职业情境，学生个体作为苯胺生产的现场操作工，通过查阅苯胺生产相关资料，收集技术数据，参照工艺流程图、设备图等，对苯胺生产过程进行工艺分析，选择合理的工艺条件。利用仿真软件，按照操作规程，进行反应和分离装置的开车和停车操作，在操作过程中监控仪表、正常调节机泵和阀门，遇到异常现象时发现故障原因并排除，保证生产和分离过程的正常运行，生产出合格的产品。

任务一 苯胺产品认知

任务描述

苯胺是最重要的胺类物质之一，是一种重要的有机化工原料和化工产品，在染料、农药、医药、香料、橡胶硫化促进剂等行业有广泛的应用，有着非常广阔的开发前景。通过查阅资料，了解苯胺有哪些性质和用途、国内外苯胺的生产现状。

任务目标

素质目标

具备资料查阅、信息检索和加工等自我学习能力。

知识目标

了解苯胺的性质和用途。

能力目标

能及时把握苯胺的行业动态。

活动一　苯胺性质与用途认知

苯胺的用途广泛，渗透我们生活的方方面面，观察周围的生活用品，从染料、医药、炸药、香料、药品等方面，说一说，哪些是以苯胺为原料生产的，都有什么用途。

苯胺又称阿尼林、阿尼林油、氨基苯，分子式为 $C_6H_5NH_2$。外观为无色或微黄色油状液体，有强烈的刺激性气味。熔点为－6.3℃，沸点为184℃，相对密度为1.02，分子量为93.128，暴露在空气中或日光下易变成棕色，加热至370℃分解。稍溶于水，能与乙醇、乙醚、丙酮、四氯化碳以及苯混溶，也可溶于溶剂汽油。苯胺化学性质活泼，具有碱性，能与盐酸化合生成盐酸盐，与硫酸化合生成硫酸盐。能起卤化、乙酰化、重氮化等作用。遇明火、高热可燃，燃烧的火焰会生烟。与酸类、卤素、醇类、胺类发生强烈反应，会引起燃烧。苯胺有很强的毒性，能渗透皮肤至血液，口服15滴致死。因此，在生产过程中废水、废气和废渣中苯胺的含量都有相应的标准，要严格控制三废中苯胺含量。

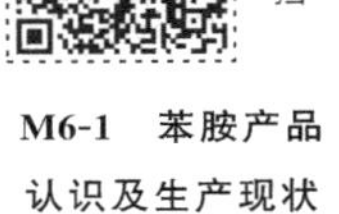

M6-1　苯胺产品认识及生产现状

苯胺是重要的有机化工原料，广泛应用于染料、医药、炸药、香料、橡胶硫化促进剂、药品等行业，尤其是可作为二苯基甲烷二异氰酸酯（MDI）的原料。此外，苯胺还可以用作溶剂和其他化工原料，用途十分广泛。

知识拓展

从苯胺到苯胺紫——最初的合成染料

现在苯胺主要用于制备MDI（二苯基甲烷二异氰酸酯，下游产品为聚氨酯），但在一百多年前苯胺最初登上历史舞台的时候，它最大的应用领域则是合成染料。以它为基础合成的苯胺紫也是人类历史上第一款合成染料。那么苯胺紫是如何被发现的呢？

苯胺紫的发现者是珀金，1856年的时候他只有18岁，在霍夫曼手下工作，主要的任务是协助霍夫曼进行奎宁的合成，霍夫曼本人在化学历史上是赫赫有名的，现在常常听到的霍

夫曼消除或者霍夫曼规则就是以他名字命名的。他本人后续也合成了很多染料比如说品红以及霍夫曼紫。

在一次实验中，珀金首先在苯胺中加入硫酸，得到苯胺的硫酸盐，然后再加入重铬酸钾，结果在反应过程中产生了一种黑色的焦油状物质。最初珀金认为实验失败，但是在用乙醇清洗烧瓶的时候，珀金发现洗出的溶液竟然变成了紫色。这其实也很正常，很多染料由于颜色太重在浓度很高的时候看上去都是黑色的，只有在稀释之后才能表现出原来的颜色。珀金敏锐地意识到这种物质可以作为染色剂进行染色。他随后进行了染色实验发现苯胺紫对丝绸与毛料具有良好的效果。1857 年，珀金取得了苯胺紫的专利，在父亲的支持下，在 1860 年创建了一个染料厂，专门生产合成染料。由于苯胺紫的原料来源是煤炭炼焦的副产品，因此成本非常低，很快风靡一时，珀金本人年纪轻轻就富甲一方。此后他还攻克了茜素的生产工艺，他的工厂一度垄断染料市场。最早期的合成染料都是以苯胺出发的，这个分支就被称为苯胺染料。苯胺染料的优点不少，主要是色彩多样，着色牢固，耐洗耐晒，这些都是天然染料无法比拟的。

活动二　国内外苯胺生产现状分析

查阅资料，在中国地图上标记国内苯胺生产厂家，并分析目前国内的苯胺生产情况，针对苯胺未来发展趋势写一份报告。

世界苯胺供需基本平衡，东北亚地区为主要消费增长点。2018 年全球苯胺产能 864.7 万吨/年、产量 670.6 万吨，分别比 2017 年增长 4.1%、2.2%；装置平均开工率 77.6%，较 2017 年提高 0.1 个百分点，MDI 是拉动苯胺产业发展的主要动力。

全球苯胺生产和消费主要集中在东北亚、西欧和北美地区。2018 年以上三个地区产能占世界总产能的 79.7%，产量占世界总产量的 78.2%，消费量占世界总消费量的 80.9%。随着中国产能的增加，东北亚地区产能从 2010 年占全球的 42%增长到 2018 年的 45%，北美地区则从 20%降低到 17%，西欧从 19%降到 18%。2018 年世界各地区苯胺供需状况见表 6-1。

表 6-1　2018 年世界各地区苯胺供需状况表

地区	产能/（万吨/年）	产量/万吨	消费量/万吨
非洲	—	—	2.1
中欧	20	15.5	14.0

续表

地区	产能/（万吨/年）	产量/万吨	消费量/万吨
独联体	7.3	5.7	3.2
印巴	9	7.0	12.0
中东	12.7	9.8	5.6
北美	155.3	120.4	134.2
东北亚	357.9	277.6	282.1
南美	0.4	0.3	0.8
东南亚	13.5	10.5	15.4
西欧	288.6	223.8	201.2

2018 年世界产能前十的苯胺生产企业产能合计 635.3 万吨，占世界总产能的 73.5%。其中万华化学产能居世界之首，占总产能的 18.7%；巴斯夫居第二位，占 16.7%；科思创居第三位，占 11.2%。在世界前十位企业中，亚洲企业占 6 席，其中 5 家中国企业、1 家日本企业，美国企业 2 席，欧洲企业 2 席，详见表 6-2。

表 6-2 2018 年世界前十位苯胺生产企业（按权益）

排序	生产企业	生产能力/（万吨/年）	占比/%
1	烟台万华（Wanhua）	161.5	18.7
2	巴斯夫（BASF）	144.3	16.7
3	科思创（Covestro）	97.2	11.2
4	亨斯迈（Huntsman）	61.4	7.1
5	康乃尔（Connell）	36.0	4.2
6	东曹	30.4	3.5
7	山东金岭	30.0	3.5
8	中国石化	27.2	3.1
9	山西天脊	26.0	3.0
10	陶氏	21.3	2.5
合计		635.3	73.5

国内随着 MDI 产业扩张，苯胺产能小幅增加。2018 年中国苯胺产能达到 361 万吨/年，产量 215 万吨，开工率 59.6%。新增产能主要包括烟台万华聚氨酯 18 万吨/年装置，部分小装置停产。

2018 年，国内苯胺主要生产企业有 15 家，总产能 361.0 万吨/年。其中，MDI 企业配套苯胺装置产能共计 211 万吨，占总产能的 58.4%，包括宁波万华（72 万吨/年）、烟台万华（51 万吨/年）和巴斯夫重庆（30 万吨/年）等。非 MDI 企业苯胺产能共计 150 万吨，占总产能的 41.6%，包括中石化南化公司（26 万吨/年）、中石油兰州炼化（7 万吨/年）和山西天脊（26.5万吨/年）。近年随着MDI产能的快速扩张，MDI企业配套的苯胺装置产能快速增加，部分MDI企业不仅不再外采苯胺，除自用后反而还有部分外销，见表6-3。

表6-3 2018年中国苯胺主要生产企业产能情况表

省份	企业名称	产能/（万吨/年）
浙江	宁波万华聚氨酯有限公司	72
吉林	吉林康乃尔化学工业股份有限公司	36
山东	烟台万华聚氨酯公司	51
山东	山东金岭化工集团公司	30
重庆	巴斯夫聚氨酯（重庆）有限公司	30
上海	科思创聚合物（中国）有限公司	28
山西	山西天脊煤化工集团有限公司	26.5
江苏	中石化南京化学工业有限公司	26
上海	上海联恒异氰酸酯有限公司	16
江苏	新浦化工（泰兴）有限公司	13.5
甘肃	中石油兰州炼化有限公司	7
重庆	重庆长风化工厂	5
河北	河北冀衡化工集团有限公司	5
江苏	江苏利士德化工有限公司	5
山东	山东华泰精细化工有限公司	10
合计		361.0

中国苯胺下游消费主要分布在MDI、橡胶助剂、染料及农药中间体等领域。目前国内MDI工厂大都自配苯胺联产装置，苯胺少量外采。2018年，苯胺下游MDI消费量占总消费量的74.0%；其次为橡胶助剂，占总消费量的16.0%。另外，染料农药中间体、汽油添加剂等产品分别占总消费量的4.0%和3.0%。

1. 下列关于苯胺的性质，描述错误的是（　　）。

A. 苯胺又称阿尼林、阿尼林油、氨基苯

B. 苯胺是无色油状液体，分子式为 C_6H_7N

C. 不溶于水，易溶于乙醇、乙醚等有机溶剂

D. 主要用于制造染料、药物、树脂

2. 关于苯胺正确的描述是（　　）。

A. 苯胺可引起高铁血红蛋白血症、溶血性贫血和肝肾损害

B. 皮肤接触吸收苯胺不会中毒

C. 苯胺爆炸上限为 80%

D. 苯胺无色无味

任务二 生产方法的选择

任务描述

1857年硝基苯铁粉还原法开启了苯胺的工业生产，后来又出现硝基苯催化加氢法、苯酚氨化法，不同的方法，工艺过程、收益成本、环保性等各不同，针对不同生产任务要求，首先应该确定一条合适的工艺路线。现有一家企业拟生产苯胺产品，假如你是该企业的一员，请根据苯胺每种生产方法的特点，为该企业推荐一种合适的生产方法。

任务目标

素质目标

具有良好的团队协作能力。

知识目标

了解苯胺的工业生产方法。

能力目标

能选择合适的生产原料及生产方法。

活动一　苯胺生产方法认知

苯胺最初被发现要追溯到 1826 年，当时的科学家在对靛蓝进行干馏时得到一种能与硫酸结合成盐的油状物，这就是最早关于苯胺提取的记载。此后在 1834 年，德国化学家隆格（Runge F. F.）首次从煤焦油中提取出苯胺。由于从煤焦油中提取苯胺产量很低，不能满足后续染料工业的需求，因此苯胺的大规模生产必须走其他路线。查阅资料，了解目前工业上大规模生产苯胺的方法有哪些，并对几种生产方法进行比较，完成表 6-4。

表 6-4　苯胺生产方法比较

苯胺生产方法	硝基苯铁粉还原法	硝基苯催化加氢法	苯酚氨化法
生产原料			
生产原理			
优缺点			
生产企业举例			

一、硝基苯铁粉还原法

苯胺的工业生产始于 1857 年，最初采用的是硝基苯铁粉还原法，该法采用间歇式生产，将反应物料投入还原锅中，在盐酸介质和约 100℃ 的条件下，硝基苯用铁粉还原生成苯胺和氧化铁，产品经蒸馏得粗苯胺，再经精馏得成品，所得苯胺收率为 95%～98%，铁粉质量的好坏直接影响苯胺的产率。硝基苯铁粉还原法是生产苯胺的经典方法，但因存在设备庞

M6-2　苯胺生产路线分析与选择

大、反应热难以回收、铁粉耗用量大、环境污染严重、设备腐蚀严重、操作维修费用高、难以连续化生产、反应速率慢、产品分离困难等缺点，目前正逐渐被其他方法所取代。但由于该法可以同时联产氧化铁颜料，我国有一小部分中小型企业仍采用该法进行生产。

二、苯酚氨化法

苯酚氨化法由美国 Halcon 公司于 1962 年开发成功，日本三井石油化学公司于 1970 年首次实现工业化生产。苯酚与过量的氨（摩尔比为 1∶20）经混合、汽化、预热后，进入装有氧化铝-硅胶催化剂的固定床反应器中，在 370℃，1.7MPa 条件下，苯酚与氨进行氨化反应制得苯胺，同时联产二苯胺，苯胺的转化率和选择性均在 98%左右。该法工艺简单，催化剂价格低廉、寿命长，所得产品质量好，“三废”污染少，适合于大规模连续生产并可根据需要联产二苯胺，不足之处是基建投资大，能耗和生产成本要比硝基苯催化加氢法高。目前，世界上只有日本三井石油化学公司和美国阿里斯德化学公司采用该法分别建有 11.4 万吨/年和 9.1 万吨/年两套生产装置。

三、硝基苯催化加氢法

硝基苯催化加氢法是目前工业上生产苯胺的主要方法。它又包括固定床气相催化加氢、流化床气相催化加氢以及硝基苯液相催化加氢三种工艺。

固定床气相催化加氢工艺是在 200～300℃，1～3MPa 条件下，经预热的氢和硝基苯发生加氢反应生成粗苯胺，粗苯胺经脱水、精馏后得成品，苯胺的选择性大于 99%。固定床气相催化加氢工艺具有技术成熟，反应温度较低，设备及操作简单，维修费用低，建设投资少，不需分离催化剂，产品质量好等优点，不足之处是反应压力较高，易发生局部过热而引起副反应和催化剂失活，必须定期更换催化剂。目前国外大多数苯胺生产厂家采用固定床气相催化加氢工艺进行生产，我国山东烟台万华聚氨酯股份有限公司采用该法进行生产。

流化床气相催化加氢工艺是原料硝基苯加热汽化后，与理论量约 3 倍的氢气混合，进入装有铜-硅胶催化剂的流化床反应器中，在 260～280℃条件下进行加氢还原反应生成苯胺和水蒸气，再经冷凝、分离、脱水、精馏得到苯胺产品。该法较好地改善了传热状况，控制了反应温度，避免了局部过热，减少了副反应的生成，延长了催化剂的使用寿命，不足之处是操作较复杂，催化剂磨损大，装置建设费用大，操作和维修费用较高。我国除山东烟台万华聚氨酯股份有限公司外，其他苯胺生产厂家均采用流化床气相催化加氢工艺进行生产。

硝基苯液相催化加氢工艺是在 150～250℃，0.15～1.0MPa 压力下，采用贵金属催化剂，在无水条件下，硝基苯进行加氢反应生成苯胺，再经精馏后得成品，苯胺的收率为 99%。硝基苯液相催化加氢工艺的优点是反应温度较低，副反应少，催化剂负荷高、寿命长，设备生产能力大，不足之处是反应物与催化剂以及溶剂必须进行分离，设备操作以及维修费用高。气相催化加氢法和液相催化加氢法两种工艺比较见表 6-5。

目前世界上苯胺的生产以硝基苯催化加氢法为主，其生产能力约占苯胺总生产能力的 85%，苯酚氨化法约占 10%，硝基苯铁粉还原法约占 5%。

表 6-5　硝基苯加氢还原两种优缺点

工艺	优点	缺点
气相催化加氢法	① 转化率大于 99.5%； ② 苯胺总收率大于 98%； ③ 传热状况得到改善； ④ 反应温度得到控制； ⑤ 局部过热消失； ⑥ 副产物减少； ⑦ 催化剂寿命延长	① 操作较复杂； ② 催化剂磨损大； ③ 装置建设费用大； ④ 操作和维修费用较高
液相催化加氢法	① 苯胺收率达到 99%； ② 反应温度低，副反应少； ③ 硝基苯转化率高； ④ 催化剂系统性能卓越； ⑤ 总投资降低； ⑥ 设备生产能力大，在线系数大大提高	① 所需压力高； ② 反应物与催化剂及溶剂必须进行分离； ③ 设备操作费用高； ④ 采用贵金属催化剂活性高，加氢副反应增多

活动二　苯胺生产方法选择

某公司经市场调研，苯胺产品工业需求旺盛，公司决定年产苯胺 10 万吨。面对三条苯胺生产工艺路线，如果你是公司的一员，会提供什么建议，说明原因。

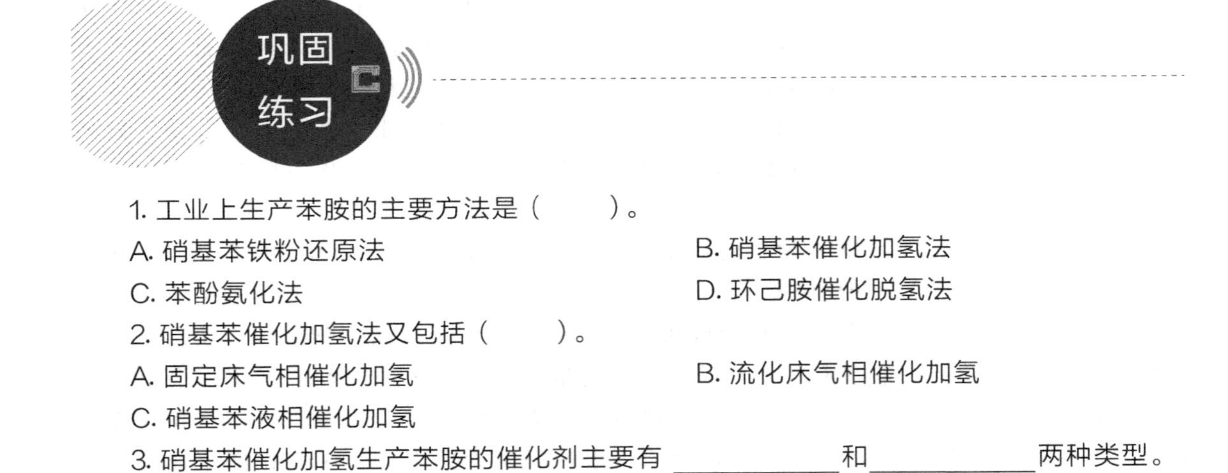

1. 工业上生产苯胺的主要方法是（　　）。

A. 硝基苯铁粉还原法　　B. 硝基苯催化加氢法

C. 苯酚氨化法　　D. 环己胺催化脱氢法

2. 硝基苯催化加氢法又包括（　　）。

A. 固定床气相催化加氢　　B. 流化床气相催化加氢

C. 硝基苯液相催化加氢

3. 硝基苯催化加氢生产苯胺的催化剂主要有＿＿＿＿＿＿和＿＿＿＿＿＿两种类型。

任务三 工艺流程的组织

任务描述

明确生产方法后，原料已确定，原料需要经过一系列单元过程转化为产品，这些单元过程按一定顺序组合起来，即构成了工艺流程。作为一名合格的一线苯胺生产技术人员，需明确苯胺生产工艺流程的组织，了解流程中关键设备的结构特点，并能正确识读工艺流程。

任务目标

素质目标

① 具备发现、分析和解决问题的能力；

② 具备化工生产的安全、环保、节能的职业素养。

知识目标

① 掌握硝基苯催化加氢法生产苯胺的工艺流程；

② 熟悉硝基苯催化加氢法生产苯胺流程中所用的主要设备。

能力目标

能阅读和绘制苯胺生产工艺流程图。

活动一 苯胺生产工艺流程识读

苯胺生产工艺主要包括加氢还原工序和精馏工序。在硝基苯催化加氢法生产苯胺的工艺流程图中，主要有氢气、硝基苯、苯胺这些介质，请用不同颜色的管线标识将几种介质的流程绘制在同一张 A3 图纸中。

苯胺的生产工艺分为硝基苯单元和苯胺单元。

一、硝基苯单元工艺流程的组织

1. 反应工序

在硝基苯单元中，硝化部分采用的是苯绝热硝化工艺技术。由罐区苯贮罐来的石油苯沿外管架送入苯中间罐，经输送泵打入硝化器中，与泵打入的混酸进行绝热硝化反应，反应后的反应液进入分离罐，分离出的酸性硝基苯经冷却后去精制工序。废酸进入蒸发器利用自身带的热量进行废酸浓缩。浓缩后的废酸浓度可达 70%，再循环使用。浓缩过程中产生的废气进入精制工序的苯回收塔进一步回收。

M6-3 硝基苯生产工艺流程

2. 精制工序

自硝化分离器来的酸性硝基苯流入酸洗槽中，用废酸浓缩分离出的废水进行洗涤，洗涤后的酸性废水排掉，酸性硝基苯再进入碱洗槽中进行碱洗，碱洗后的碱性废水排掉，硝基苯进入水洗槽中进行水洗，水洗后的废水循环使用。水洗至中性的硝基苯进入苯提取塔，在真空的条件下将苯从塔顶蒸出，进入苯水分层器，经分层器将苯、水分离，水作硝基苯的洗水用，苯回反应工序循环使用。分层器出来的气体与废酸浓缩过程产生的废气一并进入苯回收塔，用精硝基苯回收苯，其他不凝气去尾气处理工序。提取塔塔釜得到合格的精硝基苯，为苯胺单元的原料。

3. 尾气处理工序

来自硝化反应的尾气经压缩机升压后进入氮氧化物气体吸收塔，被用泵送来的脱盐水吸收成稀硝酸，在吸收过程中，吸收塔用冷却水冷却，塔顶未被吸收的不凝气经升压后进入催化氧化器内处理，处理合格后排入大气。塔釜的稀硝酸浓度达到 50%～55%后被送至反应工序循环使用。

二、苯胺单元工艺流程的组织

苯胺单元流程图见图 6-1。

1. 加氢还原工序

纯度 99%以上的氢气，在缓冲罐 1 中与循环氢气进行混合，通过压缩机 2 送入汽化器 3。原料硝基苯在汽化器中由蒸汽供热，于 190℃汽化，并与氢气混合进入反应器 5 的底部，通过气体分布板，与催化剂接触，在流化状态下进行反应。生成的苯胺与未反应的氢气，以及夹带的催化剂在扩大段得到分离，气体进入冷凝器 6，苯胺和水被冷凝为液体进入分层器 9，未反应的氢气，经气液分离器 7，除去夹带的液滴后，循环入缓冲罐与新鲜氢气混合循环使用。为了减少惰性气体在系统中积累过多，故需将一部分循环氢气放空。

2. 苯胺精馏工序

在分层器 9 中因水和苯胺的相对密度不同而分层，上层为含苯胺的水层，下层为含少量水的苯胺层。上层用泵打入脱水塔 11，利用苯胺与水形成共沸物的原理，将共沸物从塔顶蒸出，经冷凝后仍回分层器，塔釜是含有微量苯胺的废水，送至苯胺废水罐。分层器下层粗苯胺送入共沸精馏塔 12，在负压下进行操作，塔顶蒸出物仍回分层器，塔釜液入成品精馏塔 13。成品精馏塔顶馏出物为含量 99.7%以上的苯胺，塔釜为高沸物，可作为综合利用的原料。

3. 苯胺废水处理工序

苯胺废水罐内的废水用泵以一定流量送入一级萃取的静态混合器内，同时用泵打入萃取剂精硝基苯，在静态混合器中进行液-液传质后，进入分层器中进行分层，上层萃余相进入贮罐，作为下一级萃取的萃取剂，下层的物料去加氢还原单元，作为加氢原料。经三级萃取后，废水中苯胺浓度将在 50mg/L 以下。

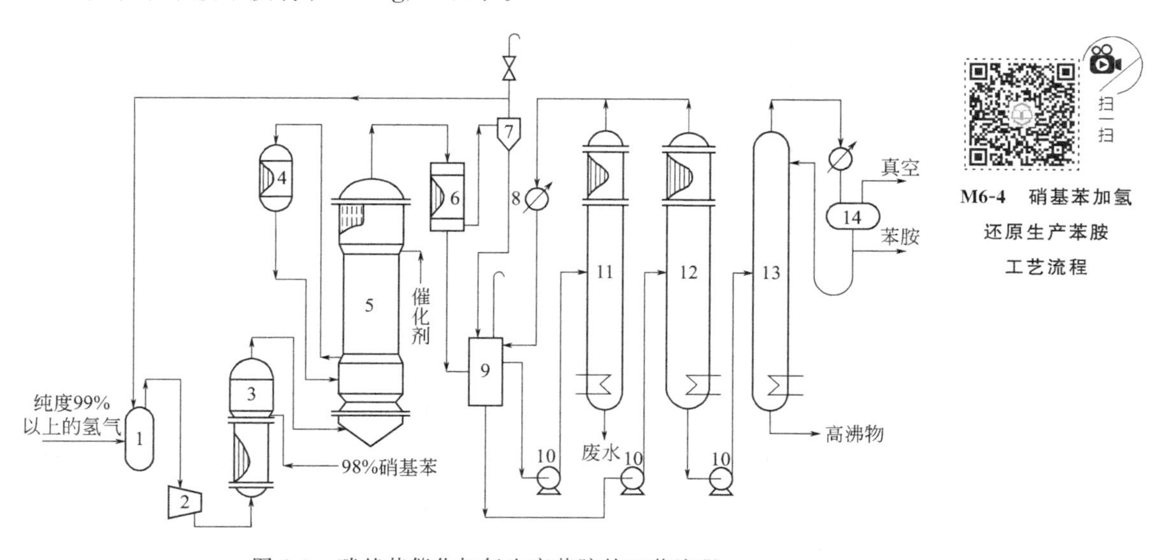

M6-4　硝基苯加氢还原生产苯胺工艺流程

图 6-1　硝基苯催化加氢生产苯胺的工艺流程

1—缓冲罐；2—压缩机；3—汽化器；4、6、8—冷凝器；5—反应器；7—气液分离器；9—分层器；10—泵；11—脱水塔；12—共沸精馏塔；13—成品精馏塔；14—回流罐

活动二　反应器认知

根据反应器的不同，硝基苯催化加氢法生产苯胺又分固定床气相催化加氢、流化床气相催化加氢，查阅资料，说明固定床和流化床各有什么优缺点。

一、流化床反应器

流化床反应器是原料气以一定的流动速度使催化剂呈悬浮湍动，并在催化剂作用下进行化学反应的设备。

流化床结构分为浓相段、分离段、扩大段和锥底，如图 6-2 所示。内部组件包括气体分布器、换热器、旋风分离器、挡板挡网等。

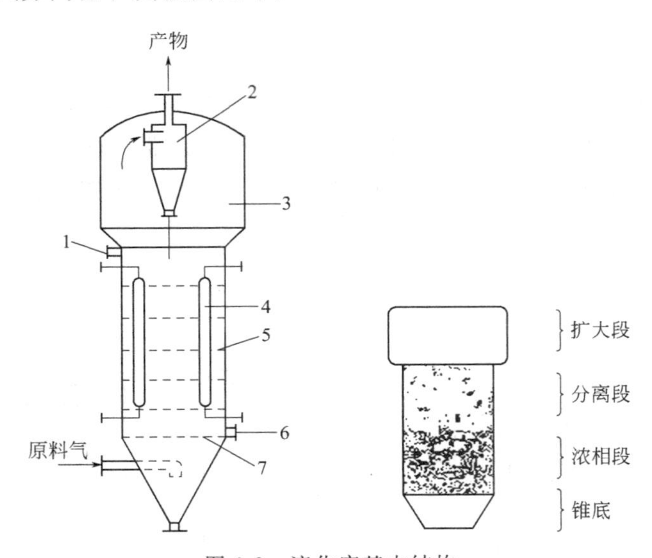

图 6-2　流化床基本结构

1—加料口；2—旋风分离器；3—壳体；4—换热器；5—内部构件；6—卸料口；7—气体分布器

按照反应器的类型，流化床分为圆筒形、锥形和双体式。如图 6-3 所示。

反应器的锥底起到对气体的预分布作用，还用来卸催化剂；床层（浓相段）的床高与催化剂的装填量、气速有关，是反应器的有效体积。通常催化剂填充层的静止高度与流化床直径的比值很少超过 1，一般接近于 1。

二、流化床反应器的基本构件

（1）壳体　壳体由顶盖、筒体和底盖组成，筒体多为圆筒式，也有圆锥式的。其作用是提供足够的体积使流化过程能正常进行。

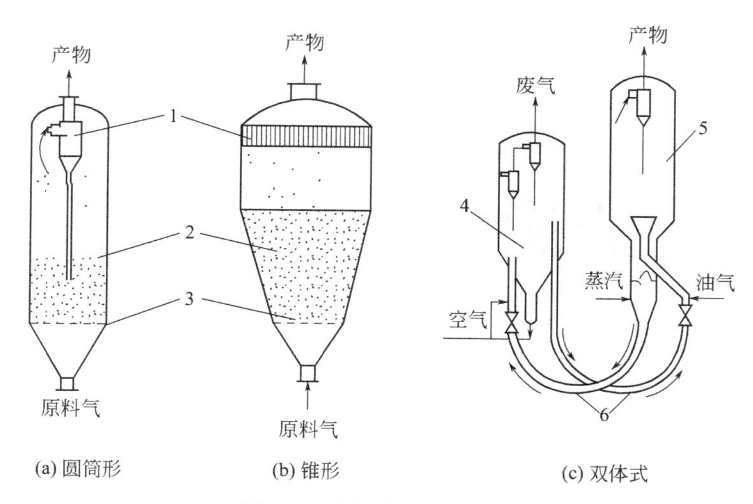

图 6-3 流化床反应器类型

1—气固分离装置；2—分离段；3—锥体；4—再生器；5—反应器；6—提升管

（2）气体分布装置　气体分布装置包括气体预分布器和气体分布板。其作用是使气体均匀分布，以形成良好的初始流化条件，同时支承固体颗粒。

（3）内部构件　内部构件包括挡网、挡板和填充物等。内部构件的作用主要是破碎气体在床层中产生的大气泡，增大气-固相间的接触机会，减少返混，从而增加反应速度和提高转化率。

（4）换热装置　换热装置有列管式换热器、管束式换热器、鼠笼式换热器、蛇管式换热器等。

（5）气固分离器　气固分离器主要作用是回收上升气流中带的细粒和粉尘，并避免带出的粉尘影响产品的纯度。

三、流化床催化反应的特点

流化床催化反应传热效果好，而且床层温度均匀一致，便于调节和控制温度；压降低，压降稳定；颗粒粒度较固体床小，表面积大，加之气固不断地运动，有利于传热和传质；颗粒平稳流动，加入或卸出床层方便，有利于催化剂的再生，易于实现连续化和自动化操作。但床层内气体的返混，降低了反应的转化率，流化固体颗粒剧烈碰撞，造成催化剂的磨损和粉碎，以及颗粒对设备的磨蚀。

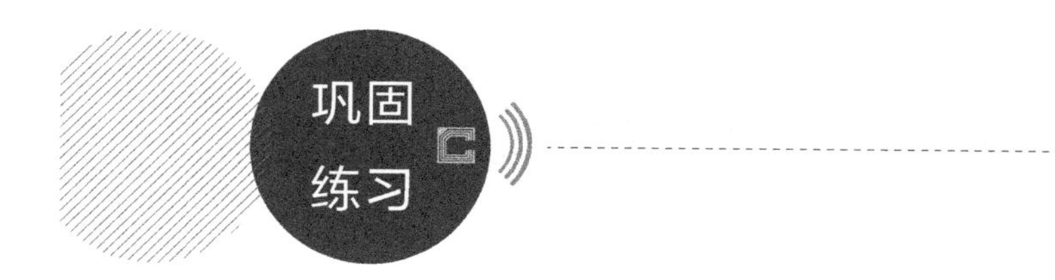

1. 流化床反应器的基本结构包括哪几部分，各部分的作用是什么？
2. 常见的流化床反应器的床型有哪几种？
3. 简述硝基苯催化加氢生产苯胺的工艺过程。

任务四 工艺条件的确定

任务描述

在有机化工生产过程中，工艺条件对化学反应的影响关系到生产过程的能力和效率。适宜的工艺条件可以增加原料转化率和产品收率，实现提高化工产品的质量和数量、降低生产成本的目的。在苯胺生产项目中，作为一线的操作工，应该能根据反应原理对反应过程进行动力学和热力学分析，了解影响反应过程的因素和规律，明确适宜的工艺条件。

任务目标

素质目标

具备发现、分析和解决问题的能力。

知识目标

掌握硝基苯催化加氢法生产苯胺的原理和工艺条件。

能力目标

① 能够进行苯胺生产过程中工艺条件的分析、判断和选择；

② 能够根据生产原理分析生产条件。

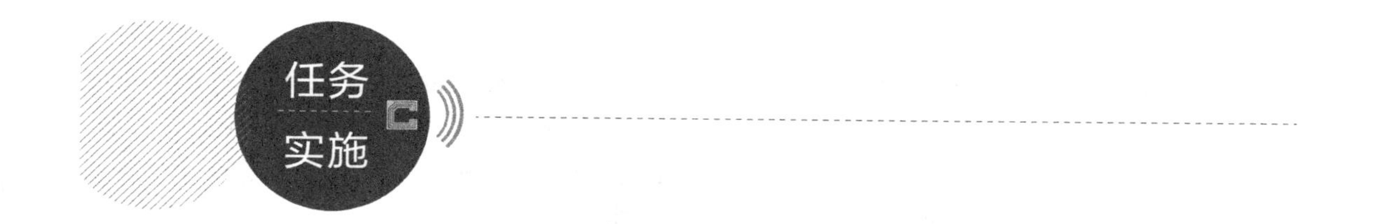

活动一　硝基苯催化加氢生产苯胺反应原理分析

检索和查找苯胺生产的相关文献资料，从原料配比、温度、压力等角度，分析这些因素如何影响硝基苯催化加氢生产苯胺的生产过程。

一、化学反应和催化剂

1. 主反应

$$C_6H_5NO_2 + 3H_2 \xrightarrow{\text{催化剂}} C_6H_5NH_2 + 2H_2O$$

$$\Delta H = -544.28\text{kJ/mol}$$

硝基苯在铜催化剂的作用下加氢还原成苯胺，再经过减压蒸馏即可获得成品苯胺，其中加氢方式采用流化床气相加氢。反应工序为催化剂升温活化、硝基苯还原、苯胺水蒸馏等工序。此反应为放热反应。硝基苯催化加氢生产苯胺具有如下特点：

① 生产中选用价廉、易得、高转化率和高选择性的催化剂。

② 生产过程中产生的反应热得到充分利用，自产蒸气自给有余，苯胺生产蒸气自身平衡，是经多次改进取得的最佳节能工艺。

③ 生产过程所用原料、中间产品及成品对设备腐蚀轻微，操作压力较低，投资和运行费用较低，吨产品耗标煤降到 0.067t，达到国际先进水平。

④ 产品质量高且稳定，收率高。

⑤ 生产过程生成副产物少并得到治理，选用屏蔽泵及无油润滑氢压机输送液体物料和氢气泄漏率较低，达到环保要求。

⑥ 生产过程采用 DCS 控制，自动化程度高，可靠程度高，生产运行稳定。

2. 副反应

反应除了生成苯胺外，还有副产物氨、苯和环已胺等。

二、催化剂

硝基苯催化加氢生产苯胺的催化剂主要有两种类型。一种是铜负载在二氧化硅载体上的 CuO/SiO_2 催化剂，以及加入 Cr、Mo 等第二组分的改进型，该类催化剂的优点是成本低，选择性好，缺点是抗毒性差，微量有机硫化物便极易使催化剂中毒。另一种是将 Pt、Pd、Rh 等金属负载在氧化铝、活性炭等载体上的贵金属催化剂，该类催化剂具有催化活性高、寿命长等特点，但生产成本较高。

1. 催化剂的活性

$$Cu(OH)_2 + H_2 \longrightarrow Cu + 2H_2O\text{（新催化剂）}$$

$$CuO + H_2 \longrightarrow Cu + 2H_2O\text{（再生后的催化剂）}$$

2. 催化剂的再生

$$C + O_2 \longrightarrow CO_2$$

$$2Cu + O_2 \longrightarrow 2CuO$$

活动二　工艺条件的确定

在有机化工生产过程中，通过控制反应条件，可以改变反应选择性，增加原料转化率和产品收率，实现提高化工产品的质量和产量、降低生产成本的目的。查阅文献，了解目前国内硝基苯催化加氢生产苯胺的工艺条件，并根据查阅情况完成表 6-6。

表 6-6　苯胺生产工艺条件（硝基苯加氢还原法）

工艺指标	工艺条件
原料配比	
反应温度	
反应压力	
催化剂	

在硝基苯催化加氢生产苯胺的过程中，主要的操作条件有吸附塔各部分的压力和温度，以及流化床反应器的压力与温度。表 6-7 列出了某厂苯胺装置的主要操作条件。

表 6-7　某厂苯胺装置的主要操作条件

设备名称	操作工序	工艺条件项目	指标	
			Ⅰ	Ⅱ
吸附塔	氢气提纯	吸附压力	1.7～1.8MPa	1.65～1.75MPa
		一次均压终	0.9～1.05MPa	1.0～1.1MPa
		顺向放压终	0.1～0.75MPa	0.75～0.85MPa
		二次均压终	0.35～0.45MPa	0.35～0.45MPa
		逆向放压终	0.02～0.05MPa	0.02～0.05MPa
		冲洗压力	0.02～0.05MPa	0.05MPa
		一次冲压终	0.35～0.45MPa	0.35～0.45MPa
		二次冲压终	0.90～1.05MPa	1.0～1.1MPa
		三次冲压终	1.65～1.75MPa	1.6～1.7MPa
		氢气纯度	≥98.5%	≥98.5%
流化床反应器	升温活动	升温速度	30～50℃/h	
		通氢起始温度	160～180℃	
		保温时间	6～12h	
		保温温度	≥180℃	
		最高温度	270℃	
设备名称	操作工序	工艺条件项目	指标	
			Ⅰ	Ⅱ
流化床反应器	加氢还原	氢压机出口压力	0.06～0.12MPa	
		循环氢纯度	≥93%	
		流化床反应器内压力	0.05～0.1MPa	
		预热器温度	150～170℃	
		汽化器温度	≥180℃	
		还原终点	≤0.05%	

1. 请从原料配比、反应温度、反应压力、催化剂四个方面，说一说：反应条件是如何影响苯胺生产的？

2. 截至 2018 年，万华化学集团股份有限公司的苯胺产能居世界之首，请查一查：该企业生产苯胺用的是什么方法？采用的哪种催化剂？

任务五
加氢还原岗位操作

任务描述

利用仿真软件，模拟苯胺生产项目的实际生产操作。通过DCS界面熟悉加氢还原工段的流程，熟悉设备和仪表。按照操作规程，进行加氢还原工段的开车和停车操作，在操作过程中监控仪表、正常调节机泵和阀门，遇到异常现象时发现故障原因并排除，保证生产和过程的正常运行，生产出合格的产品。

任务目标

素质目标

① 具备按照操作规程操作、密切注意生产状况的职业素质；

② 具有团队合作能力。

知识目标

① 掌握硝基苯催化加氢生产苯胺的反应原理、工艺条件和工艺流程；

② 掌握苯胺生产过程中的安全、卫生防护等知识。

能力目标

① 能够按照操作规程进行加氢还原岗位的开、停车操作；

② 能够按照操作规程控制反应过程的工艺参数；

③ 能够根据反应过程中的异常现象分析故障原因，排除故障。

活动一　流程认知

图 6-4、图 6-5 是苯胺加氢还原工序和分离工序的 DCS 图，根据该图绘制流程框图，并说明加氢还原工序的加工环节、原料及产品，完成表 6-8。

表 6-8　苯胺生产加氢还原工序加工环节、原料及产品

序号	加工环节	原料	产品
1			
2			
3			
4			
5			
6			

苯胺生产中的原料氢与系统中的循环氢混合后经氢压机增压，与来自流化床反应器（R101）顶的高温混合气体在氢气换热器（E201）中进行热交换。氢气被预热到约 170℃进入硝基苯汽化器（E102A/B），硝基苯经预热器（E101）预热后在汽化器（E102A/B）中汽化，并与过量的氢气合并过热至 185～195℃，进入流化床反应器（R101），在催化剂的作用下，硝基苯被还原，生成苯胺和水并放出大量热。反应式如下：$C_6H_5NO_2+3H_2 \longrightarrow C_6H_5NH_2+2H_2O$。

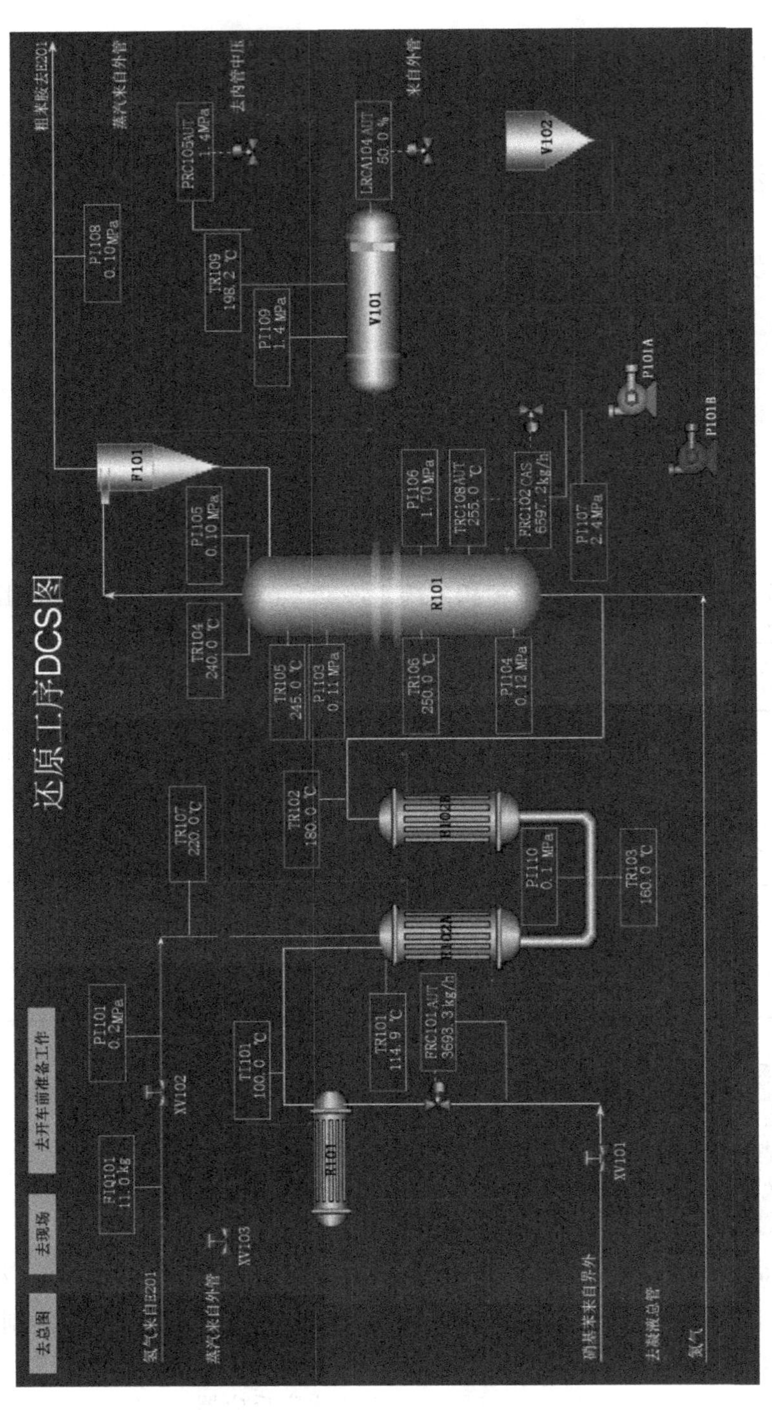

图 6-4 加氢还原工序 DCS 图

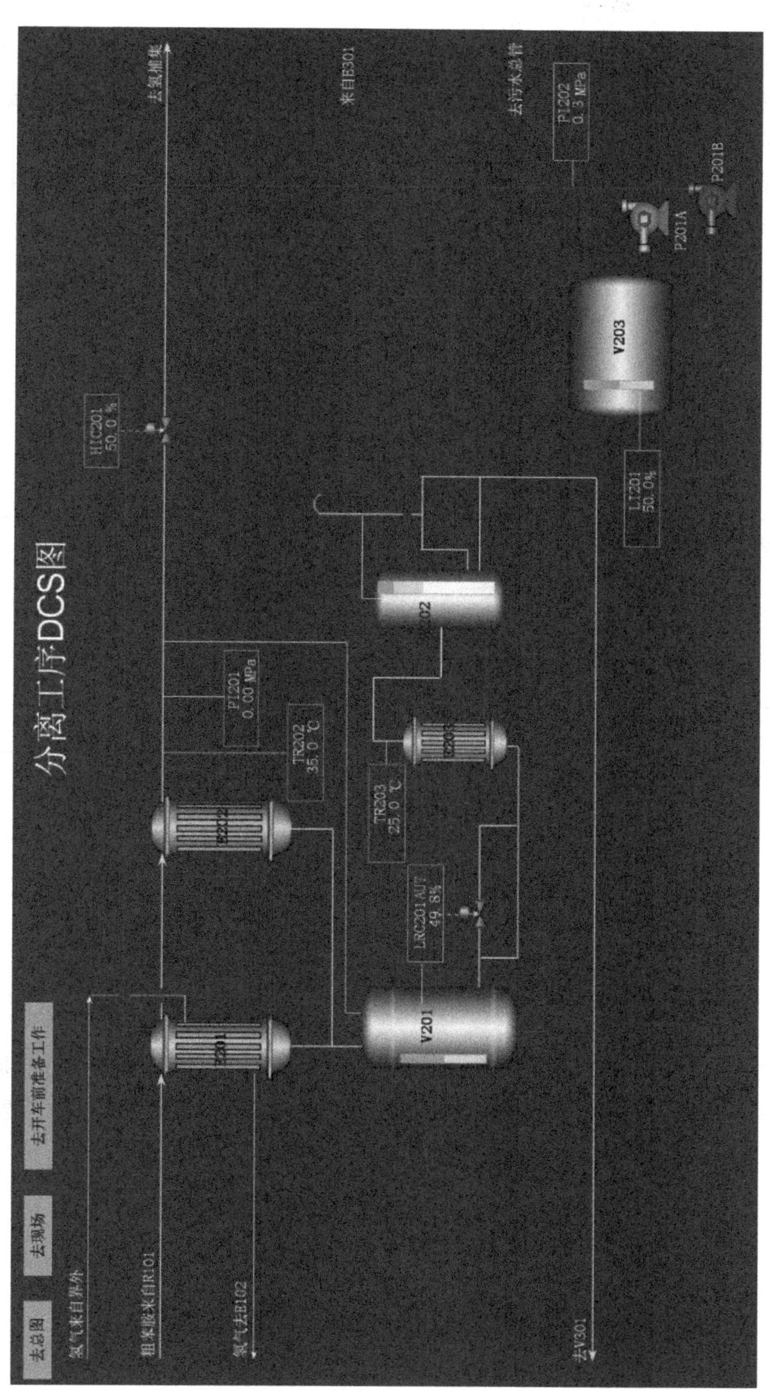

图 6-5 分离工序 DCS 图

硝基苯加氢生成苯胺，硝基苯中O被H取代。加氢反应所放出的热量被废热汽包（V101）送入流化床内换热管的软水带出。水被汽化副产1.0MPa蒸汽，该蒸汽量除满足装置需用量外，剩余部分送入装置外的蒸汽管网。

反应后的混合气进氢气换热器（E201）与混合氢进行热交换，再经循环水冷却，使粗苯胺和苯胺水被冷凝，与过量的氢气分离，过量氢循环使用，粗苯胺与饱和苯胺水进入苯胺水分离器（V202），苯胺废水罐内下层的物料去加氢还原单元，作为加氢原料。从分层器上部流出来的水（含苯胺3.6%）进入废水储罐（V203），从分层器下部流出的粗苯胺（含水5%），储存于粗苯胺罐（V301）内，去苯胺单元精馏工序。

活动二　设备认知

图6-4、图6-5是加氢还原工序和分离工序的工艺流程图，找出装置中的主要设备，分析设备各进出物料的组成，完成表6-9。

表6-9　苯胺生产装置主要设备表

序号	设备名称	流入物料	流出物料	设备主要作用
1				
2				
3				
4				
5				
6				
7				

活动三　参数控制

苯胺生产过程中，所有的参数操作都应该在正常范围之内，超出规定的范围，就存在不安全因素，系统就会报警。根据仿真操作界面DCS图，找出加氢还原工序主要仪表，完成表6-10。

表6-10　加氢还原工序主要仪表

序号	仪表位号	作用	控制指标	单位
1	PI101			
2	PI102			
3	PI103			
4	PI104			
5	PI105			

续表

序号	仪表位号	作用	控制指标	单位
6	PI106			
7	PI107			
8	PI108			
9	PI109			
10	PI110			
11	FRC101			
12	FRC102			
13	LRCA104			
14	TI101			
15	TR102			
16	TR103			
17	TR104			
18	TR105			
19	TR106			

活动四　开、停车操作

M6-5　加氢还原工段冷态开、停车操作规程

根据操作规程（扫描二维码，参考详细操作规程）进行 DCS 仿真系统的冷态开车、正常停车操作，并在表 6-11“完成否”列做好记录。

表 6-11　加氢还原工序开、停车仿真操作完成情况记录表

项目	序号	步骤	完成否
冷态开车	1	开车前准备	
	2	开启冷却水	
	3	催化剂活化步骤	
正常停车	1	停车操作	

某企业在生产过程中，突然停电，该如何操作，请在仿真软件上进行模拟操作，并完成表 6-12。

表 6-12　突然停水、停电、停气处理方案

事故现象	处理方法
突然停水	
突然停电	
突然停气	
停新氢气	

任务六
精馏岗位操作

任务描述

某车间已通过硝基苯加氢还原法生产出一批苯胺粗产品，要求精馏车间将这批粗产品进行分离精制。以班组形式组织活动，利用仿真软件模拟精馏工段的开、停车操作。在操作过程中监控现场仪表、正确调节现场机泵和阀门，遇到异常现象时发现故障原因并排除，保证装置的正常运行。

任务目标

素质目标

① 具备按照操作规程操作、密切注意生产状况的职业素质；

② 具有团队合作能力。

知识目标

① 掌握硝基苯催化加氢生产苯胺的精馏工序流程；

② 掌握苯胺生产过程中的安全、卫生防护等知识。

能力目标

① 能够按照操作规程进行精馏岗位的开 、停车操作；

② 能够按照操作规程控制反应过程的工艺参数；

③ 掌握精馏塔燃烧事故工况应急处理操作。

活动一　流程认知

请根据苯胺生产精制工序的工艺流程图，画出工艺流程框图。并根据该图说明精馏工序的加工环节、原料及产品，完成表6-13。

表 6-13　苯胺生产精馏工序加工环节、原料及产品

序号	加工环节	原料	产品
1			
2			
3			
4			
5			
6			

粗苯胺罐（V301）内的粗苯胺用脱水塔进料泵（P301）以一定流量送到脱水塔（T301）内，控制脱水塔顶温、釜温和塔顶压力，进行精馏，塔顶蒸出物经共沸物冷凝器（E301）冷凝后流入苯胺水分层器内进行分层，塔釜高沸物进入精馏塔（T302）内。在一定的顶温、釜温及真空下进行精馏，塔顶蒸出物（苯胺）经精馏塔冷凝器（E304）冷凝后，一部分以一定的回流比从塔顶送入精馏塔内作为回流，其余再经冷凝器进一步冷凝后进入苯胺成品罐（V303）。

活动二　设备认知

图6-6是苯胺精馏工序的DCS图，根据图6-6完成表6-14。

表 6-14　苯胺生产装置精馏工序主要设备表

序号	设备名称	流入物料	流出物料	设备主要作用
1				

续表

序号	设备名称	流入物料	流出物料	设备主要作用
2				
3				
4				
5				
6				
7				
8				
9				
10				

活动三　参数控制

化工生产中，所有的参数操作都应该在正常范围之内，超出规定的范围，就存在不安全因素，系统就会报警。根据仿真操作界面 DCS 图，找出精制工序主要仪表，完成表 6-15。

表 6-15　精制工序主要仪表

序号	仪表位号	作用	控制指标	单位
1	PR301			
2	PR302			
3	PR303			
4	PR304			
5	PR305			
6	PR306			
7	TR301			
8	TR302			
9	TR303			
10	TR304			
11	TR305			
12	TR306			
13	LI301			
14	LRC301			
15	LRC302			
16	FRC301			
17	FRC302			

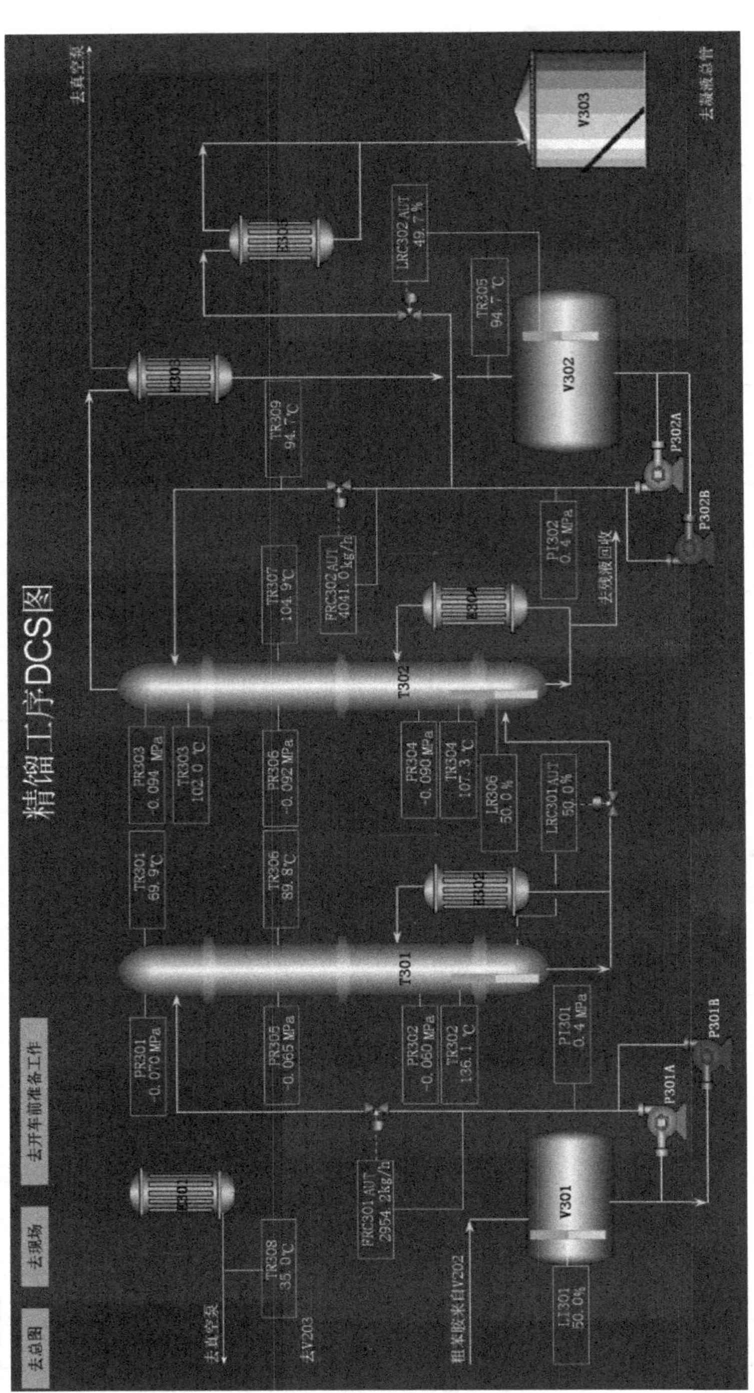

图 6-6　精馏工序 DCS 图

活动四　开、停车操作

M6-6　精馏工段冷态开车操作规程

根据操作规程（扫描二维码，参考详细操作规程）进行 DCS 仿真系统的冷态开车、正常停车操作，并在表 6-16“完成否”列做好记录。

表 6-16　精馏工序开、停车仿真操作完成情况记录表

项目	序号	步骤	完成否
冷态开车	1	开启冷却水	
	2	系统抽真空	
	3	开车步骤	
	4	调节稳态	
正常停车	1	停车操作	

活动五　精馏塔燃烧事故工况应急处理操作

M6-7　精馏塔燃烧事故工况应急处理操作规程

根据操作规程（扫描二维码，参考详细操作规程），以生产班组组织形式，分值班长，警戒队员 A、B，救援队员 C、D 和现场工人六个角色，模拟演练精馏塔燃烧事故工况应急处理。

俯视整个厂区，熟悉整个厂区的布置。并简单绘制厂区总体布置图。分组，请小组代表说出每个区的作用，并说明发生了物理过程还是化学过程。

一、选择题

1. 下列关于苯胺的性质，描述错误的是（　　）。

A. 苯胺又称阿尼林、阿尼林油、氨基苯

B. 苯胺是无色油状液体，分子式为 C_6H_7N

C. 不溶于水，易溶于乙醇、乙醚等有机溶剂

D. 主要用于制造染料、药物、树脂

2. 关于苯胺正确的描述是（　　）。

A. 苯胺可引起高铁血红蛋白血症、溶血性贫血和肝肾损害

B. 皮肤接触吸收苯胺不会中毒

C. 苯胺爆炸上限是 80%

D. 苯胺无色无味

3. 工业上生产苯胺的主要方法是（　　）。

A. 硝基苯铁粉还原法　　B. 硝基苯催化加氢法

C. 苯酚氨化法　　D. 环己胺催化脱氢法

4. 硝基苯催化加氢法又包括（　　）。

A. 固定床气相催化加氢　　B. 流化床气相催化加氢

C. 硝基苯液相催化加氢

5. 合成苯胺用到改性铜硅胶催化剂，其活性组分为（　　）。

A. Cu　　B. $Cu(OH)_2$　　C. CuO　　D. 硅胶

6. 关于硝基苯不正确的描述是（　　）。

A. 硝基苯遇见明火高热会爆炸　　B. 皮肤接触吸收硝基苯也会中毒

C. 硝基苯易溶于水、乙醇、苯等　　D. 硝基苯具有苦杏仁味

7. 启动离心泵前应（　　）。

A. 关闭出口阀门　　B. 打开出口阀门

C. 关闭入口阀　　D. 同时打开入口阀门和出口阀门

8. 离心泵输送液体的原理是依靠叶轮高速旋转产生的（　　）。

A. 离心力　　B. 轴心力　　C. 平衡力　　D. 向心力

9. 精馏塔中气液相主要进行（　　）交换。

A. 传质、传热　　B. 传质　　C. 传热　　D. 动量

10. 在换热器中以下流动方式最有利于换热的是（　　）。

A. 顺流　　B. 逆流

C. 多管程多壳程的复杂流动　　D. 以上都不是

二、简答题

1. 流化床反应器的基本结构包括哪几部分，各部分的作用是什么？

2. 常见的流化床反应器的床型有哪几种？

3. 画出硝基苯催化加氢生产苯胺的工艺流程图并简述其过程。

横块七

对二甲苯的生产

本项目基于工业生产对二甲苯的职业情境，学生通过查阅对二甲苯生产相关资料，收集技术数据，参照工艺流程图、设备图等，对对二甲苯生产过程进行工艺分析，选择合理的工艺条件。利用仿真软件，按照操作规程，进行歧化反应装置的开车和停车操作，在操作过程中监控仪表、正常调节机泵和阀门，遇到异常现象时发现故障原因并排除，保证生产和分离过程的正常运行，生产出合格的产品。

任务一 对二甲苯产品认知

任务描述

对二甲苯作为炼油和化工的桥梁，既是芳烃产业中最重要的产品，亦是聚酯产业的龙头原料。对二甲苯主要应用于生产精对苯二甲酸（PTA），其余用于医药、溶剂、涂料等领域。通过查阅资料，了解对二甲苯有哪些性质和用途，了解国内外对二甲苯的生产现状。

任务目标

素质目标

具备资料查阅、信息检索和加工等自我学习能力。

知识目标

了解对二甲苯的性质和用途。

能力目标

能及时把握对二甲苯的行业动态。

活动一　对二甲苯性质和用途认知

对二甲苯的用途广泛，渗透我们生活的方方面面，请观察周围的生活用品，从医药、溶剂和涂料等方面，说一说，哪些是对二甲苯的衍生物制品，都有什么用途。

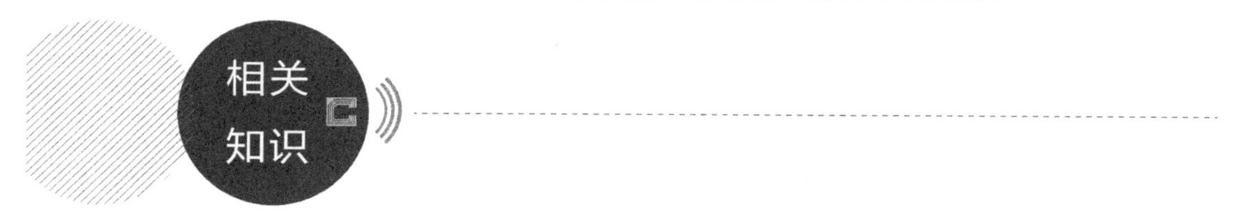

对二甲苯，无色透明液体，具有芳香气味。相对密度 0.861，熔点 13.2℃，沸点 138.5℃，闪点 25℃，能与乙醇、乙醚、丙酮等有机溶剂混溶。对二甲苯为可燃、低毒化合物，毒性略高于乙醇，其蒸气与空气可形成爆炸性混合物，爆炸极限为 1.1%～7.0%（体积分数）。

对二甲苯（PX）是芳烃中最受关注的产品，主要用于生产对苯二甲酸（PTA）、对苯二甲酸二甲酯（DMT）和对苯二甲酸乙二醇酯（BHET），进而生产聚对苯二甲酸乙二醇酯（涤纶），还可用作溶剂以及医药、香料、油墨等行业的生产原料。对二甲苯主要衍生物及用途见图 7-1。

扫一扫

M7-1　对二甲苯认识及生产路线选择

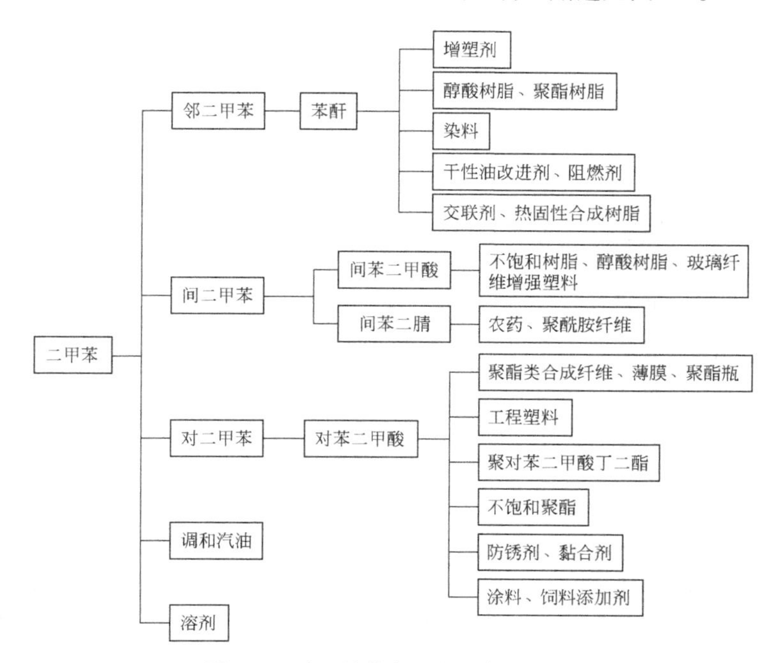

图 7-1　对二甲苯主要衍生物及用途

活动二　对二甲苯生产现状分析

近年来，随着我国聚酯产业的飞速发展，对二甲苯供不应求，利润率居高不下，引发项目建设热潮。查阅资料，在中国地图上标记国内对二甲苯生产厂家，并分析目前国内的对二甲苯生产情况，针对对二甲苯未来发展趋势写一份报告。

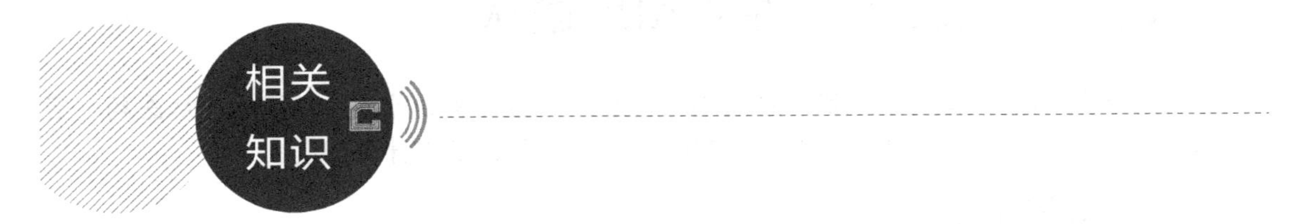

截至2018年底，我国对二甲苯生产企业共17家，产能1393万吨/年，产量1023万吨，见表7-1。生产企业多为中石化集团所属。

表7-1　2018年中国对二甲苯企业产能

序号	企业	产能/万吨	归属集团
1	洛阳石化	22.5	中石化
2	四川石化	75	中石油
3	海南炼化	60	中石化
4	福建炼化	77	中石化
5	中海油惠州	95	中海油
6	福海创	160	福建联合
7	金陵石化	60	中石化
8	镇海炼化	65	中石化
9	扬子石化	80	中石化
10	上海石化	85	中石化
11	中金石化	160	荣盛集团
12	齐鲁石化	6.5	中石化
13	天津石化	37	中石化
14	辽阳石化	70	中石油
15	青岛丽东	100	韩国GS、阿曼、青岛红星
16	乌鲁木齐石化	100	中石油
17	福佳大化	140	福佳集团、大化集团
总计		1393	

随着我国聚酯产业的快速发展，对二甲苯供不应求，导致利润趋向对二甲苯生产。因此，以其为原料的聚酯企业将产业链向上游发展，炼化企业则向芳烃下游延伸。预计到2023年，中国新增产能3800万吨/年，大规模的主要有恒力石化450万吨/年对二甲苯装置、浙江石化（400×2)万吨/年对二甲苯装置、盛虹石化200万吨/年对二甲苯装置、旭阳

石化 200 万吨/年对二甲苯装置、中海油惠州 150 万吨/年对二甲苯装置，其他 100 万吨/年左右的企业有十几家，产能约 2000 万吨/年。

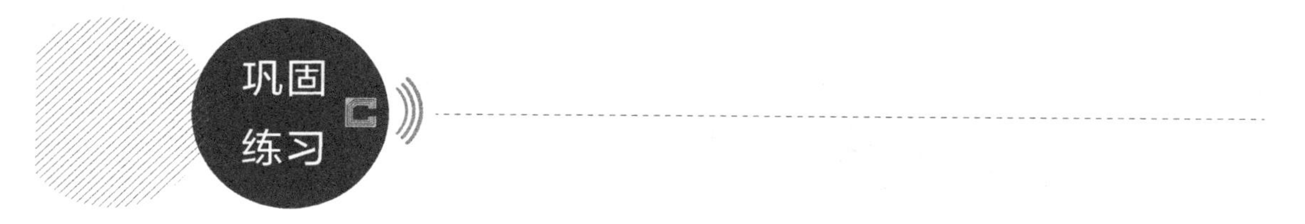

1. 下列关于对二甲苯的描述，错误的是（　　）。

A. 常温下是具有芳香味的无色透明液体

B. 对二甲苯是聚酯工业的重要原料，主要用于生产对苯二甲酸（PTA）

C. 可混溶于水、乙醇、乙醚、氯仿等多数有机溶剂

D. 对二甲苯可用作溶剂以及作为医药、香料、油墨等的生产原料

2. 分小组查阅资料，当地有没有对二甲苯生产企业。如果有，产能又是多少。

任务二
生产方法的选择

任务描述

现有一家企业拟建对二甲苯产品生产项目，目前工业上通常通过甲苯歧化和烷基转移工艺、C_8芳烃异构化工艺以及甲苯选择性歧化等工艺来增产对二甲苯。不同的生产方法，生产原料、工艺过程、经济性、产品收率等不同，为了得到合格的对二甲苯产品，应该根据生产实际，选择合适的工艺路线。假如你是该企业的一员，请根据对二甲苯每种生产方法的特点，为该企业推荐一种合适的生产方法。

任务目标

素质目标

具有良好的团队协作能力。

知识目标

熟悉对二甲苯的生产方法。

能力目标

能选择合理的生产原料及生产方法。

活动一　对二甲苯生产方法认知

对二甲苯最早是直接从重整油和裂解汽油中抽提和分离而得，但随着聚酯工业的不断发展，该方法获得的对二甲苯已经无法满足实际生产的需求。查阅资料，了解目前对二甲苯的几种生产方法，并对几种生产方法进行比较，完成表 7-2。

表 7-2　对二甲苯生产方法比较

对二甲苯生产方法	生产原理	优点	缺点
催化重整技术			
芳烃分离技术			
C_8 芳烃异构化技术			
甲苯歧化和烷基转移技术			
甲苯-甲醇烷基化工艺			

目前工业上通常通过甲苯歧化和烷基转移工艺、C_8 芳烃异构化工艺以及甲苯选择性歧化等工艺来增产对二甲苯。因此，对于大规模的工业生产，通常采用芳烃联合装置工艺。芳烃联合装置主要包括催化重整、芳烃抽提、甲苯歧化、烷基转移、二甲苯异构化及对二甲苯分离等装置，主产品是苯和二甲苯，其中二甲苯主要包含对二甲苯和适量的邻二甲苯（OX）。某工厂芳烃联合生产装置见图 7-2。

另一方面，随着择形催化剂性能的不断提高，甲苯选择性歧化、甲醇甲苯选择性烷基化制对二甲苯技术近年来取得了长足的进步。

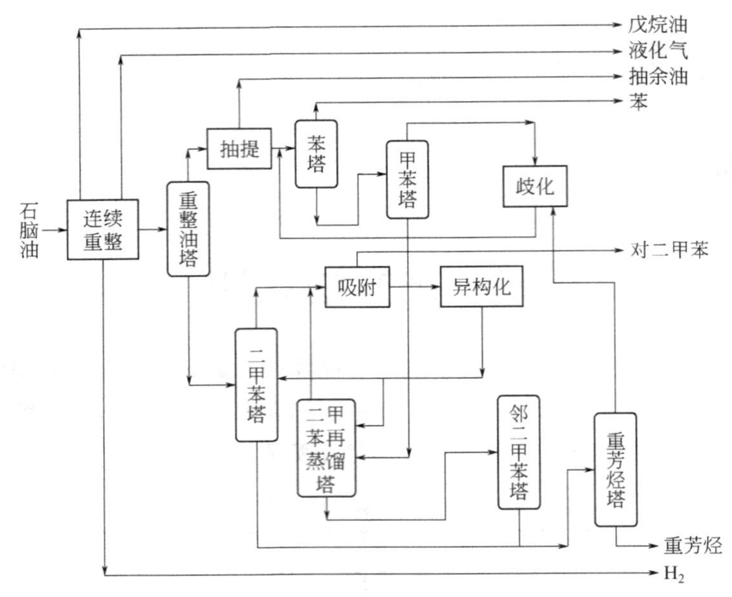

图 7-2　某工厂芳烃联合生产装置

一、催化重整技术

石脑油经催化重整生成富含芳烃的重整油，同时副产氢及液化石油气。催化重整技术制芳烃常用的方式是去除原料石脑油在重整过程中生成的苯前驱物，降低苯的产率，增加甲基苯和多甲基苯的产率。重整以获取二甲苯为主要目标产物时，将石脑油的终馏点提高到165℃以上，提高原料中 C_8 组分含量，可得到更多的 C_8 芳烃，从而提高芳烃联合装置的PX产量。

M7-2　催化重整技术

二、芳烃分离技术

芳烃分离过程是生产芳烃的关键步骤，其中包括芳烃抽提、PX吸附分离及结晶分离等关键技术。

1. 芳烃抽提技术

芳烃抽提技术是以重整生成油、加氢裂解汽油等为原料，通过溶剂萃取或萃取精馏将芳烃与非芳烃进行有效分离，获得高纯度芳烃和非芳烃产品的过程。按抽提方法可分为液液抽提工艺和抽提蒸馏工艺。随着生产乙烯裂解原料的重质化，其副产的裂解汽油中芳烃含量不断提高，在溶剂抽提处理裂解加氢汽油时，需将原料与非芳烃产品进行混合，但这样的操作降低了乙烯装置的处理量，同时能耗、物耗增加，还会因混合不均而导致装置操作不稳定。近来，美国GTC公司开发了一种芳烃抽提技术GT-BTX，采用复合溶剂、无需预分离。文献报道，可节约投资费用25%，节约能耗15%。

2. 对二甲苯结晶分离

结晶分离法是利用混合二甲苯中各组分凝固点的差异（对二甲苯凝固点13.3℃，邻二甲苯凝固点−25.2℃，间二甲苯凝固点−47.9℃，乙苯凝固点为−95℃，对二甲苯凝固点最高），加之对二甲苯分子结构对称，易于结晶的特点来进行分离的。目前大多数PX生产装置都使用结晶分离技术，较常用的结晶分离技术有熔融结晶和深冷结晶工艺。熔融结晶分离技术有美国研发的GT-Cryst PX，该工艺适用于对含有不同浓度的PX进行分离提纯操作，设备的可靠性较高。采用熔融结晶分离技术对富含PX的进料进行提纯分离，经过一步结晶即可获得高纯度PX。

由于PX的生产原料主要为来自催化重整油、裂解加氢汽油及煤焦油副产物，其生成受热力学平衡限制，PX浓度较低，约为24%（质量分数），为获得PX的高回收率，一般需经过两级低温结晶提纯。第一级在−62℃～68℃温度下，离心分离得到80%～90%的PX粗晶，之后再经过第二级冷却结晶，获得高纯度的PX产品。其次，混合二甲苯为多组分体系，降温过程可形成多种低共熔物，制约了PX回收率的提高。因此，传统PX深冷结晶工艺的回收率较低，物料二甲苯循环量和损失量都比较大，设备投资和维护费用较高。

3. PX吸附分离技术

与其他同分异构体相比，PX分子结构特殊，动力学直径较小，可被多数吸附剂吸附。PX吸附分离技术是以二甲苯混合物为原料，通过吸附、洗脱、精馏等工艺，实现PX提纯分离。美国UOP于20世纪60年代提出了Parex工艺，该工艺采用八面沸石分子筛作为吸附剂，利用分子筛内部孔道对混合二甲苯各异构体进行吸附分离，以对二乙苯为脱附剂，溶脱后的二甲苯，最后通过精馏分离出纯的产物。Parex工艺因其具有生产成本低、产品纯度高、流程简单的优点，得到了广泛的应用。法国石油研究院（IFP）研发了Eluxyl吸附分离工艺技术，该工艺拥有单一类型和组合型两种工艺，将吸附与结晶分离相结合，相对于单一的吸附分离工艺技术，组合工艺具有投资少、对原料要求低的特点。利用组合工艺，可对高收率、低质量含量的PX（90%～95%）进行提纯，进而得到99.9%的高纯度PX。同时，滤液还可回收利用，提高了投资的经济效益。

三、C_8芳烃异构化工艺

受热力学平衡的限制，从催化重整油以及裂解汽油中获得的混合二甲苯中，PX的含量仅有25%左右，为最大限度地生产PX，需要将其他的C_8芳烃经过异构化反应转化成PX。因此，二甲苯异构化也是芳烃联合装置中增产PX的主要方法之一。由于C_8芳烃中的乙苯和二甲苯难以分离，在二甲苯异构化单元的原料中带有一部分乙苯，需要对其进行处理。最常用的方式是将乙苯异构转化为二甲苯，或者脱烷基转化为苯。因此，二甲苯异构化工艺主要包括乙苯转化型和乙苯脱烷基型两种技术路线，二者的工艺流程基本相同，均使用临氢固定床反应器，区别在于催化剂及其布置方式和乙苯的处理方式不同。

目前，工业上应用比较多的是UOP公司的Isomar工艺，其配套的首选催化剂为I-400，该催化剂的优势在于高空速（体积空速为$5.4h^{-1}$），乙苯转化率为28.8%，C_8芳烃收率为97.5%。我国在研制二甲苯异构化催化剂方面已经处于世界先进水平，中国石化石油化工科学研究院开发了具有完全自主知识产权的SKI系列催化剂。在最新开发的SKI-210脱乙基型异构化催化剂上，乙苯转化率为65%～75%，乙苯转化为苯的选择性为90%～98%，二甲苯单程损失1.0%～1.5%，已应用在国内4套工业装置上。

四、甲苯歧化和烷基转移技术

甲苯歧化是将甲苯与C_9芳烃在分子筛催化剂的作用下，施加特定的反应条件，得到二甲苯及其他产物，再将二甲苯进行烷基转移得到纯度较高的对二甲苯。芳烃联合装置中

50%以上的混合二甲苯由该技术生产，是芳烃联合装置增产 PX 的主要手段。

1. 传统甲苯歧化技术

甲苯歧化与烷基转移反应，通过甲基在两苯环间的转移，生成对二甲苯产物，二甲苯产物收率的高低取决于原料中甲基与苯环物质的比例。位于重芳烃苯环上的甲基转移到甲苯的苯环上可生成二甲苯，而乙基、丙基、丁基等多碳侧链烷基对 PX 的生成没有贡献，则需通过脱烷基反应去除。

传统的甲苯歧化技术主要有 20 世纪 60 年代由美国 UOP 和日本 TORAY 公司合作开发的 Tatoray 工艺，于 1969 年首次实现工业化。由于该技术采用固定床临氢气相反应，催化剂寿命长，操作稳定，运行周期长，技术指标先进，目前已经在全世界的五十多套工业装置上使用。我国目前运行的甲苯歧化和烷基转移工业装置大多采用的也是 Tatoray 工艺。

知识拓展

由对二甲苯生产看中国发展

我国上海石油化工研究院开发了 S-TDT 工艺，并且 1997 年实现了工业应用。与 Tatoray 工艺相比，S-TDT 工艺技术原料适应性宽，操作弹性大；重芳烃处理能力高，允许原料中的重芳烃含量达 25%～30%；歧化产品分布可调，苯含量高，乙苯含量低；设计先进，能耗和物耗低，具有优良的技术指标；采用 HAT^{TM} 催化剂，操作周期长。

另外，随着催化剂性能的不断改进，催化剂的处理能力也大幅增加，且氢烃比越来越低，原料中允许的 C_{10} 重芳烃的含量越来越高，从而提高了苯和混合二甲苯的产量，显著提高了装置的整体经济效益。

金陵石化 60 万吨/年 PX 芳烃联合装置中的甲苯歧化单元采用的就是 S-TDT 工艺。对二甲苯生产技术大都被国外公司垄断，而我国上海石油化工研究院开发的 S-TDT 工艺打破了国外公司的垄断，实现了自主创新，助力了中国经济的发展。

2. 甲苯选择性歧化制 PX 技术

甲苯择形歧化反应是在固体酸催化剂上通过碳正离子机理进行的。甲苯择形歧化反应生成 PX 是受酸催化与扩散控制共同作用的过程。为了获得高的对位选择性，分子筛催化剂需具有适宜的孔径和表面酸性，甲苯扩散进入外表面和孔口修饰过的 HZSM-5 分子筛内进行反应。分子筛外表面酸性位钝化处理，可防止从分子筛内扩散出去的 PX 产物在外表面发生二次异构化反应，保持较高的对位选择性。通过孔道修饰调节 HZSM-5 分子筛晶体内部的孔道尺寸，使其与苯环分子动力学直径接近，只有苯、甲苯、PX 等分子能自由出入，而间二甲苯、邻二甲苯则受阻，不易扩散出来，在酸催化作用下，进一步异构化，转化成 PX 扩散出孔道。甲苯择形歧化制 PX 过程，有效地抑制了异构化、脱烷基、裂解和烷基转移等副反应的发生，减少了重芳烃的生成，提高了目标产物 PX 的选择性。

Exxon Mobil 公司最早实现了甲苯选择性歧化制 PX 技术的工业化，其开发的 MSTDP 工艺于 1988 年在工业装置上成功运行。该工艺采用高选择性的 ZSM-5 分子筛催化剂，甲苯选择性歧化技术得到的富含 PX 的混合二甲苯产物经过一级结晶即可得到高纯度 PX 产品，具有 PX 分离简单、二甲苯循环量低和能耗低的优势，但该工艺也副产大量的苯（苯与二甲苯的质量比接近 1∶1），且不能转化 C_9 ＋重芳烃。相对应的是，虽然传统甲苯歧化和烷基转移技术得到的二甲苯产物中 PX 只有 25％左右，但苯副产物少，且能将芳烃联合装置中副产的廉价 C_9 ＋重芳烃转化为二甲苯。

芳烃联产工艺在其发展过程中逐渐展现出了许多优点。首先，生产工艺比较成熟。将重整油作为原材料投入生产，充分利用了资源，保证了材料的高效利用。其次，芳烃联产的产品除了对二甲苯之外，还有许多副产品，也具有非常高的价值。但芳烃联产也存在一些不足。由于芳烃联产过程中需要对原料进行分离，而这个过程需要的装置非常多，工艺也极为复杂，受生产条件的限制，这种工艺缺乏灵活性。而且，石脑油也是目前较为紧俏的一种资源，往往由于原料的短缺而不能进行工业生产，一定程度上阻碍了芳烃联产工艺的进步。

五、甲苯-甲醇烷基化工艺

以甲苯和甲醇为原料，在一定的反应条件和催化剂存在的条件下，就会发生烷基化反应，从而得到对二甲苯以及其他附加产品，这个过程就是甲苯-甲醇烷基化工艺。甲苯-甲醇烷基化工艺以分子筛为催化剂，采用氢气、氮气或水蒸气为反应载气，对二甲苯选择性可达到 90％以上。甲苯-甲醇烷基化工艺作为一种新型的生产工艺，与传统生产工艺相比具有诸多优点。首先，极大地降低了原料的消耗，且原料来源广泛，资源丰富，成本较低，容易获得。其次，副产品通常为混合二甲苯，有很大一部分仍可以通过异构化工艺得到对二甲苯。同时，甲苯-甲醇烷基化工艺与传统生产工艺相比生产流程更加简单，能耗也更低。这种新型的生产工艺也有一些不足点。首先，对操作条件的要求非常苛刻，由于反应温度过高，很容易导致催化剂的损耗。其次，对反应设备的要求也很高，在高温状态下，甲醇具有极高的腐蚀性，因此整个工艺的主要设备需要很高的耐腐性，提高了设备成本。另外，对于催化剂的研究还不是很成熟，仍需进一步研究开发。

活动二　对二甲苯生产方法选择

某公司经市场调研，对二甲苯产品工业需求旺盛，公司决定新建一套年产对二甲苯 5 万吨的生产装置。面对几种对二甲苯生产方法，如果是你，会给公司提供什么建议，并说明原因。

1. 对二甲苯的生产，目前最常用的生产方法是哪个？为什么？
2. 混合二甲苯分离的原理是什么？
3. 什么是芳烃的歧化反应，举例说明。
4. 什么是芳烃的异构化反应，举例说明。

任务三 工艺流程的组织

任务描述

作为一名合格的对二甲苯生产技术人员，需明确工艺流程的组织，了解流程中关键设备的结构特点，并能正确识读工艺流程。

任务目标

素质目标

① 具备发现、分析和解决问题的能力；

② 具备化工生产的安全、环保、节能的职业素养。

知识目标

① 掌握甲苯歧化和烷基转移生产工艺流程；

② 熟悉C_8芳烃异构化工艺流程；

③ 熟悉吸附分离法工艺流程。

能力目标

能阅读和绘制对二甲苯生产工艺流程图。

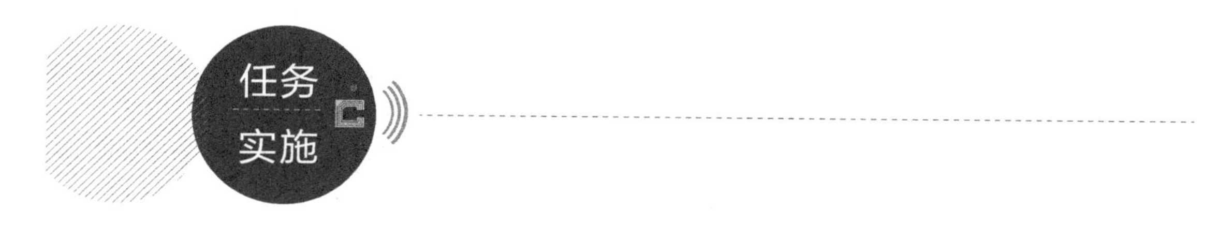

活动一　对二甲苯生产工艺流程识读

图 7-2 是某工厂芳烃联合生产对二甲苯的工艺简图，以小组形式，讨论该流程中用到了哪些对二甲苯生产技术，并简要描述其过程。

一、甲苯歧化生产对二甲苯工艺流程的组织

工业上以甲苯和 C_9 芳烃为原料的歧化和烷基转移生产苯和二甲苯的生产方法主要有加压临氢气相法和常压不临氢气相法。应用最广泛的是加压临氢气相法，其工艺流程如图 7-3 所示。

M7-3　歧化或烷基转移反应

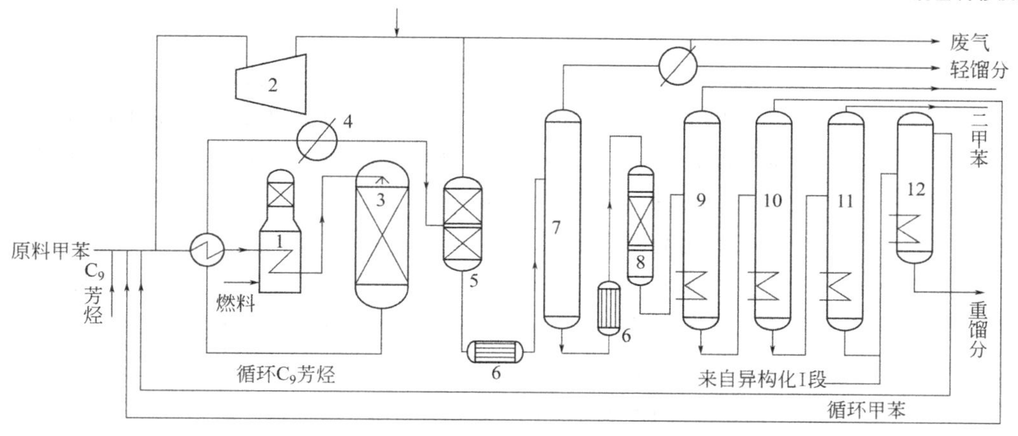

图 7-3　加压临氢气相法工艺流程

1—加热炉；2—氢气压缩机；3—反应器；4—冷凝器；5—分离器；6—换热器；7—汽提塔；8—白土塔；9—苯塔；10—甲苯塔；11—二甲苯塔；12—C_9 芳烃塔

新鲜进料（纯甲苯或甲苯与 C_9 芳烃的混合物）、循环甲苯、循环 C_9 芳烃先与富含氢气的循环气混合，与热反应器的排出物换热后进入加热炉 1，在加热炉内汽化，加热到反应温度（390～500℃）时，以 3.4MPa 压力和 $1.14h^{-1}$ 空速进入反应器 3，然后向下流过固定床催化剂，反应原料在绝热式固定床反应器 3 中进行歧化和烷基转移反应。反应器的排出物通过与混合进料换热器换热，进行冷却。混合进料包括进料与氢气补充气，然后送至产品分离

器 5，进行气液分离。氢气富气从分离器顶部抽出，再返回反应器，一小部分循环气用来吹扫，清除循环线路中积累的轻质烃。产品分离器流出的液体去汽提塔 7 脱除轻馏分，塔底物料一部分进入再沸加热炉，以气液混合物返回塔中，另一部分物料经换热后进入白土塔 8。物料通过白土吸附，在白土塔中除去烯烃后依次进入苯塔 9、甲苯塔 10 和二甲苯塔 11。从苯塔和二甲苯塔塔顶分别馏出目的产品（含量大于 99.8%）苯和二甲苯。从甲苯塔塔顶和二甲苯塔侧线分别得到的甲苯和 C_8 芳烃，循环回反应系统，二甲苯塔塔底为 C_{10} 及 C_{10} 以上重芳烃。

甲苯歧化工艺，可以同时加工 C_9 芳烃和甲苯，加工 C_9 芳烃使得二甲苯生产的进料增加，并且改变装置的选择性，产物由苯变为二甲苯；单程转化率比较高，假定进料为 50∶50 的甲苯和 C_9 芳烃，甲苯歧化过程单程转化率约为 50%；甲苯歧化工艺得到石化级的苯和二甲苯产物。但甲苯歧化工艺要求在一定的氢气气压下进行，以尽量防止催化剂结焦；对歧化原料杂质含量要求高，如总氮含量不能超过 $0.1mg \cdot L^{-1}$，总氯和总硫含量均不能超过 $1mg \cdot L^{-1}$。

二、C_8 芳烃异构化工艺流程的组织

异构化装置总是和一种或更多种二甲苯异构物回收联合一起的，大多数情况下，异构化和对二甲苯吸附分离过程联合在一起以回收对二甲苯。为符合对二甲苯装置的进料规格，把去对二甲苯的吸附分离异构化环路的新鲜混合二甲苯进料先送到二甲苯塔，该塔可以设计为底部回收邻二甲苯或者简易地从塔底排放 C_9＋芳香化合物，然后把含有不到 500mg/L 的 C_9＋芳香烃的二甲苯塔顶物送入对二甲苯塔顶吸附分离装置，该装置中，在单程回收率 97%情况下，产生 99.9%纯度的对二甲苯。

M7-4　C_8 混合芳烃异构化工艺流程

C_8 芳烃异构化装置大多采用具有裂化异构化和加氢脱氢双功能的催化剂，并在氢压下进行异构化反应。如图 7-4 所示，去异构化装置的进料最先与富氢循环气和补充因在异构化反应器中所消耗的少量氢气混合，混合进料同反应器流出物换热后预热，然后在升高到反应器操作温度的进料加热炉 1 中蒸发，把热进料蒸气送入反应器 2。在反应器中，蒸气径向地通过催化剂固定床，原料在催化剂作用下发生异构化，反应产物从反应器底部流出，与进料换热后进入空冷器 3 冷凝到 40℃。再进入产品分离器 5 进行气液分离。在产品分离器的顶端取出富氢气体，经循环氢气压缩机 4 返回反应器，少部分循环气进行吹扫以除去来自循环气回路中累积的轻质烃。把来自产品分离器底的液体送到脱庚烷塔 7。脱庚烷塔的主要作用是脱除 C_7 以下轻组分，轻组分从塔顶蒸出后一部分作为回流，另一部分进入重整装置脱戊烷塔，不凝性气体则作为燃料。脱庚烷塔底部物料是除去轻组分后的 C_8 芳烃。为防止反应生成的微量烯烃带入分离装置，C_8 芳烃进入白土塔 6 除去烯烃。最后，用精馏方法除去 C_9 以上芳烃，将所得混合二甲苯送至二甲苯分离装置分离。

二甲苯异构化工艺原料来源广泛，基本不含或含少量 PX 的混合 C_8 芳烃均可为原料；裂化非芳香介质的这种性能取消了混合二甲苯萃取的要求，它大大减少了环丁砜装置的规模。PX 产率较高，催化剂稳定性好。但异构化设备多为进口，成本高；贵金属催化剂比较昂贵，稳定性的要求导致对进料要求高。

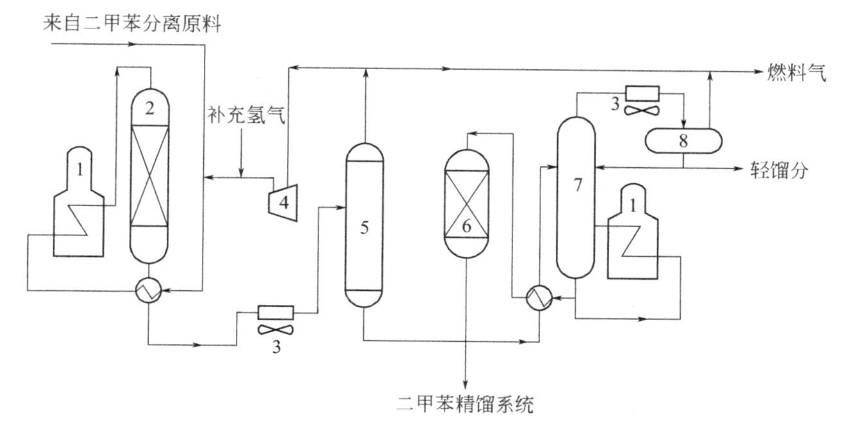

图 7-4　C_8 芳烃异构化工艺流程图

1—进料加热炉；2—反应器；3—空冷器；4—循环氢气压缩机；5—产品分离器；6—白土塔；7—脱庚烷塔；8—气液分离器

三、吸附分离法工艺流程的组织

PX 吸附分离技术是以混合二甲苯为原料，通过吸附、洗脱、精馏等工艺，实现 PX 提纯分离。

原料 C_8 混合芳烃加热到 177℃，经旋转阀 3 进入吸附塔 2，经吸附分离后，抽提液从吸附塔流出，经旋转阀送到抽提液塔 5。抽提液塔塔顶馏分为粗对二甲苯，送至成品塔 6，塔底采出液为解吸剂。抽余液从吸附塔流出经旋转阀送至抽余液塔 4，塔底分出的解吸剂与抽提液塔塔底解吸液汇合，大部分进入解吸剂槽 7，后经旋转阀再进入吸附塔，少部分（约 1%）则送至解吸剂再精馏塔 8。从解吸剂再精馏塔塔顶采出的纯解吸剂，经抽余液塔去解吸剂槽，塔底为解吸剂中的高沸点重组分物质。从抽余液塔侧线采出的含对二甲苯很少的混合二甲苯，送至异构化装置作为异构化原料。成品塔塔顶馏出物为主要含甲苯的轻馏分，送至芳烃抽提装置回收利用，塔底产品是精制的对二甲苯。其工艺流程如图 7-5 所示。

扫一扫

M7-5　混合芳烃分离流程

活动二　关键设备认知

根据甲苯歧化生产对二甲苯工艺流程图，在图纸上绘制工艺流程框图，并说明主要设备的作用。

二甲苯生产工艺过程中，所涉及的设备主要有以下几种。

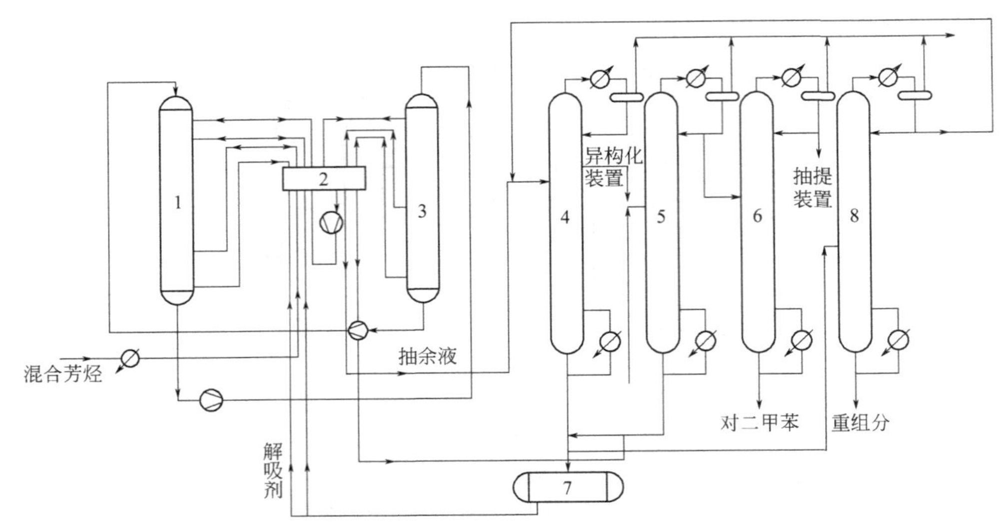

图 7-5 模拟移动床吸附分离工艺流程

1—吸收塔；2—吸附塔；3—旋转阀；4—抽余液塔；5—抽提液塔；
6—成品塔；7—解吸剂槽；8—解吸剂再精馏塔

1. 抽提塔

抽提塔作用是将混合物中的对二甲苯，用溶剂将其提取出来，使其得到分离、富集、提纯。

原料经累计流量表计量，同时经抽余油混兑后进入原料油中间罐，并由抽提进料泵抽出，经预热后由进料流量调节阀调节送入抽提塔。溶剂进入抽提塔顶部，在溶剂的选择溶解下，进料中的芳烃和非芳烃被分离，形成密度较大的富溶剂相（溶剂和芳烃）和较轻的烃相（非芳烃），因密度不同，两相形成逆向流动，富溶剂相从塔底靠自压流入提馏塔，非芳烃在压力的作用下从抽提塔塔顶压入抽余油水洗塔。

2. 提馏塔

抽提塔塔底的富溶剂经贫富溶剂换热器换热后，靠自压流入提馏塔塔顶。为了提高萃取蒸馏效果，提高芳烃与非芳烃的相对挥发度，由水汽提塔再沸器出来的贫溶剂分出一部分（称为第二溶剂）经调节其流量与富溶剂一起加入提馏塔。提馏塔用以 2.3MPa 蒸汽为热源的塔底再沸器加热，塔顶蒸出物与水汽提塔塔顶气相物料一起经水冷器冷凝并贮存于提馏塔分水罐中分层。油相由返洗液泵抽出送入抽提塔塔底作为返洗液，水相由冷凝水泵抽出送往水罐中分层，油相由返洗液泵抽出送入抽提塔塔底作为返洗液，水相由冷凝水泵抽出送往水汽提塔。当系统内的水或贫溶剂的 pH 值降低时，为避免酸性物质腐蚀设备，需往提馏塔分水罐中加入中和剂单乙醇胺，控制溶剂 pH 值在 5.5～6.0。

3. 回收塔

提馏塔塔底富溶剂由塔底泵抽出进入回收塔，在该塔内使芳烃和溶剂分离，回收塔中间再沸器和塔底再沸器是用 2.3MPa 蒸汽加热，塔顶蒸出的混合芳烃及水蒸气经空冷器及水冷器冷凝后进入回收塔回流罐分层，水层用冷凝水泵抽出送往水洗塔作为洗涤水用，混合芳烃由回收塔回流泵抽出，一部分回流至回收塔塔顶，其余部分采出进入混合芳烃罐作为精馏系统的原料。回收塔塔釜的高温溶剂经贫溶剂泵抽出，少部分送到溶剂再生塔进行再生，绝大部分经水汽提塔再沸器换热后送至抽提塔和提馏塔。

4. 水汽提塔

提馏塔分水罐的冷凝水和抽余油水洗塔塔底的洗涤水合并为水汽提塔的进料，此进料主体是水，含有微量烃和少量溶剂。水汽提塔是有罐式再沸器的塔，塔体装有 2m 高的金属鲍尔环填料。进料从顶部进入，塔顶蒸气含有微量烃，合并于提馏塔塔顶物流在水冷器中一起冷凝。大量水蒸气从罐式再沸器上部导出引向溶剂再生塔，继而串联到回收塔，为该两塔的汽提蒸汽，再沸器底部含有溶剂的水溶液则经泵送到回收塔下部。

5. 溶剂再生塔

来自水汽提塔的汽提气从溶剂再生塔塔釜入塔。其再沸器用 2.3MPa 蒸汽加热。塔顶含溶剂的蒸气作为汽提气直接送入回收塔底部，溶剂再生塔与回收塔在真空条件下串联操作，溶剂中的杂质逐渐积存于再生塔塔底，要对设备进行不定时清洗。

6. 白土塔

中间产品罐中的混合芳烃用进料泵抽出，先在白土塔进出料换热器预热（走壳程）后，经白土塔进料加热器加热到 180～200℃（温度随白土活性下降而升高）后进入白土塔顶部，进料加热器加热介质为 3.6MPa 蒸汽。混合芳烃在白土塔中除去部分烯烃及其他杂质后，控制白土塔出口压力在 1.4～1.6MPa 后进入苯塔。

7. 苯塔

苯塔一般设 50～60 块筛板，再沸器用 1.0MPa 蒸汽加热，塔顶馏出物气相经苯塔顶部空冷器、并联的水冷器冷凝后进入苯塔回流罐，并由苯塔回流泵抽出进行回流，由于进料中还含有微量的水，因此苯塔回流罐设有分水斗分离苯和水，水层排至地漏。高纯度的苯产品从塔顶第 5 板侧线采出，经苯产品冷却器冷却后用泵送往中间罐区的苯产品贮罐。

8. 甲苯塔

甲苯塔共设 64～68 块筛板，甲苯塔的塔底再沸器用 3.6MPa 蒸汽加热，塔顶蒸出的甲苯蒸气经甲苯塔顶部空冷器和水冷器冷凝后进入甲苯回流罐，然后用甲苯塔回流泵抽出，部分甲苯进行回流，另一部分采出送往甲苯贮罐。甲苯塔塔釜液用塔底泵抽出送往二甲苯塔。

9. 二甲苯塔

二甲苯塔共设 88～92 块筛板，二甲苯塔的再沸器用 3.6MPa 蒸汽加热，塔顶的二甲苯蒸气经空冷器冷却再经二甲苯水冷器冷却，冷却后进入二甲苯塔回流罐。二甲苯塔回流罐中的二甲苯经二甲苯塔回流泵抽出，一部分回流，另一部分二甲苯产品采出送至二甲苯产品罐。二甲苯塔塔釜液先经重芳烃冷却器冷却，再经二甲苯塔塔底泵抽出送至重芳烃贮罐。

1. 在 A3 图纸上绘制 C_8 芳烃异构化工艺流程图。
2. 在 A3 图纸上绘制甲苯和 C_9 芳烃为原料的歧化和烷基转移生产工艺流程图。

任务四
工艺条件的确定

任务描述

明确生产方法后，对相同的原料来说，反应所得的产品收率取决于工艺条件，只有选择合适的工艺条件，并在生产中平稳操作，才能有效控制反应，达到理想的产品收率。

任务目标

素质目标

具备发现、分析和解决问题的能力。

知识目标

① 掌握甲苯歧化工艺的原理及工艺条件；

② 掌握C_8混合芳烃异构化的原理及工艺条件。

能力目标

① 能够进行对二甲苯生产过程中工艺条件的分析、判断和选择；

② 能够根据生产原理分析生产条件。

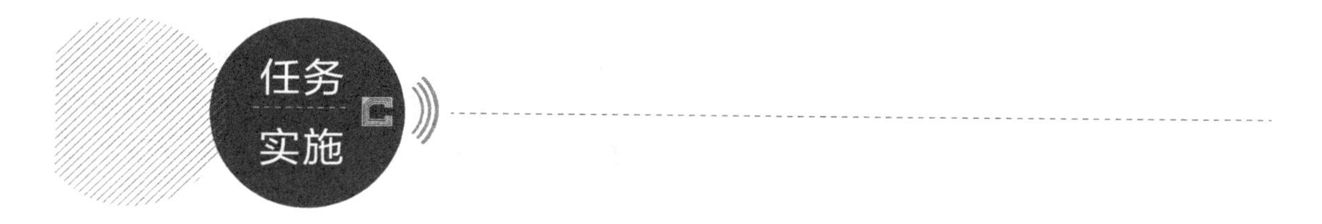

活动一　对二甲苯生产原理分析

检索和整理对二甲苯生产的相关文献资料，从热力学和动力学的角度分析影响对二甲苯生产的因素都有哪些。

一、甲苯歧化及烷基转移工艺原理分析

甲苯歧化及烷基转移工艺实质上是芳烃之间的一种相互转化技术，即甲苯与 C_9 芳烃在分子筛催化剂作用下选择性转化成苯和二甲苯。该反应主要包括：甲苯歧化反应和烷基转移反应。甲苯歧化反应一般是指 2 个甲苯分子经过歧化反应生成 1 个苯分子和 1 个二甲苯分子。烷基转移反应一般是指 1 个甲苯分子与 1 个三甲苯分子在催化剂作用下，生成 2 个二甲苯分子。其主要反应过程如下：

$$苯+C_9芳烃\xrightarrow{分子筛催化剂}苯+二甲苯$$

$$甲苯+三甲苯\xrightarrow{分子筛催化剂}二甲苯+二甲苯$$

在反应过程中，伴随有副反应的发生，包括：

① 在临氢条件下发生加氢脱烷基反应，生成甲烷、乙烷、丙烷、苯、甲苯、乙苯等；

② 歧化反应，由二甲苯生成甲苯、三甲苯等，即主反应中烷基转移到逆过程；

③ 烷基转移，如苯和三甲苯生成甲苯和四甲苯等；

④ 芳烃加氢、烃类裂解、芳烃缩聚。

二、C_8 混合芳烃异构化工艺原理分析

由各种方法制得的 C_8 芳烃，都是对二甲苯、邻二甲苯、间二甲苯和乙苯的混合物（称为 C_8 混合芳烃），其组成视芳烃来源而异。不论何种来源的 C_8 芳烃，其中以间二甲苯含量最多，通常是对二甲苯和邻二甲苯的总和，而有机合成迫切需要的对二甲苯含量却不多。为了增加对二甲苯的产量，最有效的方法是通过异构化反应，将间二甲苯及其他 C_8 芳烃转化为对二甲苯。

异构化的实质是把对二甲苯含量低于平衡组成的 C_8 芳烃，通过异构化后使其接近反应温度及反应压力下的热力学平衡组成。平衡组成与温度有关，不论在哪个温度下，其中对二

甲苯的含量并不高。因此在生产中，C_8 芳烃异构化工艺必须与二甲苯分离工艺联合生产，才能最大限度地生产对二甲苯。也就是说，先分离出对二甲苯（或对二甲苯和邻二甲苯），然后将余下的 C_8 芳烃非平衡物料，通过异构化方法转化为对二甲苯、间二甲苯、邻二甲苯平衡混合物，再进行分离和异构化。如此循环，直至 C_8 芳烃全部转化为对二甲苯。

活动二　对二甲苯生产工艺条件确定

对化工装置来说，当工艺过程、生产方法确定后，其工艺条件也就基本确定了。化工生产一线从事生产的操作员应严格遵守生产操作规程，严格控制和调节各类工艺参数，实现安全、平稳、经济生产的目标。查阅文献，分析目前国内对二甲苯主要生产方法的工艺条件，并根据查阅情况完成表 7-3。

表 7-3　对二甲苯生产工艺条件对比

生产方法	甲苯歧化工艺	C_8 混合芳烃异构化工艺	吸附分离工艺
原料组成			
温度			
压力			
空速			
氢油比			

一、甲苯歧化工艺条件

1. 进料组成

甲苯和 C_9 的各自转化率不仅与催化剂本身性能有关，也与甲苯和 C_9 的配比有关。甲苯/C_9 芳烃的比值影响产物中 C_8 芳烃和苯的比例，甲苯/C_9 芳烃的比值越大，C_8 芳烃/苯的比值越小。当原料中三甲苯浓度在 50%左右时，生成物中 C_8 芳烃的浓度最大。为此应采用三甲苯浓度高的 C_9 芳烃作为原料。

2. 反应温度

歧化和烷基转移反应都是可逆反应。由于热效应较小，温度对化学平衡影响不大，而催化剂的活性一般随反应温度的升高而提高。在较低温度范围内，提高温度可以加速甲苯歧化和烷基转移反应过程，提高甲苯和 C_9 芳烃的转化率，提高苯和 C_8 芳烃的收率；在较高温度范围内，提高温度将有利于歧化反应而不利于烷基转移反应的进行，二甲苯的单程收率将下降，苯的收率增加。温度过高，苯环裂解，副反应增多，芳环损失增加，收率降低，催化剂积炭增加，选择性下降，催化剂活性下降较快。温度过低，虽然芳环收率较高，但转化率也降低，循环量加大，从而增加操作费用，因此要选择合适的反应温度。在生产中主要选择能确保转化率的温度，当温度为400～500℃时，相应的转化率为40%～45%。

3. 反应压力

歧化和烷基转移反应无体积变化，所以压力对平衡组成无太大影响。压力增高，可提高系统的氢分压，有利于抑制积炭反应，有利于提高催化剂的稳定性。一般选取压力为2.6～3.5MPa。

4. 氢烃比

氢烃比指的是进反应器的氢气摩尔流率与进反应器的芳烃摩尔流率的比值。主反应虽然不需要氢气，但氢气的存在可抑制催化剂的积炭倾向。氢气可避免催化剂频繁再生，延长运转周期，同时氢气还可起到热载体的作用。原料中 C_9 芳烃较多时，需要适当提高氢烃比，为保证一定的氢烃比，循环氢中非芳含量较高时，需要加大循环氢的循环量，但由于非芳烃分子量远大于氢气分子量，循环氢压缩机的负荷将明显增加。一般氢烃比（摩尔比）为10∶1，氢气纯度大于80%。

5. 空速

反应转化率随空速降低而升高，但当转化率达40%～45%时，其增加的速率显著降低。此时，如空速继续降低，转化率增加甚微，相反导致设备利用率下降。

二、C_8 混合芳烃异构化工艺条件

1. 原料组成

水、甲醇、CO_2 等氧化物及碱性有机氮化物是催化剂酸性活性中心的毒物，砷、铅和其他重金属则是金属活性中心的毒物。由于原料来自重整、抽提、加氢裂解汽油等装置，若无二次污染，这些杂质的含量是可以达到要求的。

2. 反应温度

温度降低，对二甲苯平衡浓度高，但此时反应速率较慢，特别是对于双功能的贵金属催化剂来说，当温度低于某值，产品则以加氢产物为主，二甲苯收率降低。因此，温度选择要权衡各方面，如催化剂性能等的影响。一般选取反应器的进口温度为400～450℃。

3. 反应压力

压力对乙苯异构化有明显影响。乙苯是经过加氢过程异构化为二甲苯的，而加氢反应是放热反应。所以，提高压力可提高氢分压，降低温度有利于乙苯异构化为二甲苯。氢分压太低，易使催化剂表面积炭、失活，一般反应压力为1.37～2.30MPa。

4. 空速

若催化剂活性高，则允许空速高；催化剂活性低，空速必须降低。随着空速提高，反应产物中的对二甲苯浓度和乙苯转化率将下降。一般空速选择为 $3.1h^{-1}$。

5. 氢油比

氢气不仅参加加氢反应，还可防止催化剂表面积炭。氢油比一般为6∶1（分子比），氢气浓度必须保持在80%以上，在生产过程中还应不断补加新鲜氢气。

1. 关于甲苯歧化工艺条件描述中，说法错误的是（　　）。

A. 应采用三甲苯浓度高的 C_9 芳烃作为原料

B. 温度升高，反应速率加快，转化率升高，因此，温度越高越好

C. 一般反应压力为 1. 37～2. 30MPa

D. 随着空速提高，反应产物中的对二甲苯浓度和乙苯转化率将下降

2. 甲苯歧化及烷基转移工艺中，影响对二甲苯收率的因素有哪些?

3. C_8 混合芳烃异构化工艺中，影响因素主要有哪些?

任务五 歧化装置操作

任务描述

利用仿真软件，模拟对二甲苯生产项目的歧化装置操作。通过DCS界面熟悉歧化装置的工艺流程，熟悉设备和仪表。按照操作规程，进行歧化装置的开车、停车和事故处理操作，在操作过程中监控仪表、正常调节机泵和阀门，遇到异常现象时发现故障原因并排除，保证生产装置的正常运行，生产出合格的产品。

任务目标

素质目标

① 有按照操作规程操作、密切注意生产状况的职业素质；

② 具有团队合作能力。

知识目标

① 掌握歧化装置的工艺流程；

② 掌握歧化装置生产的安全、卫生防护等知识。

能力目标

① 能够按照操作规程进行歧化装置的开、停车操作；

② 能够按照操作规程控制反应过程的工艺参数；

③ 能够根据反应过程中的异常现象分析故障原因，排除故障。

活动一　流程认知

歧化单元在联合装置中起着增产二甲苯的作用，该装置接收来自联合装置上游重整装置的重整生成油、分离 C_8 后的 C_9+ 和 BT 分馏单元的循环甲苯，然后在高温高压临氢条件下发生歧化与烷基转移反应，再经过精密分馏，分离出纯度 99.9%以上的苯产品，C_8+ 芳烃进入二甲苯精馏单元进一步分离。

图 7-6~ 图 7-9 是歧化装置仿真操作的 DCS 图，请根据 DCS 图，绘制歧化装置的工艺流程框图。

一、装置任务及主要产品

歧化装置在整个芳烃联合装置中起到承上启下的作用，本装置以 BT 分馏单元来的甲苯和二甲苯分馏单元来的 C_9/C_{10} 芳烃为原料，在石脑油加氢装置提供的氢气作用下，在高温高压条件进行歧化及烷基转移反应，从而达到增产二甲苯的目的。同时歧化尾气送连续重整一段再接触空冷后送至 PSA 装置，从而得到高纯度氢气。

二、工艺流程

M7-6　对二甲苯生产装置认知

歧化单元的目的是在催化剂的作用下将甲苯及 C_9/C_{10} 芳烃最大限度转化为 C_8 芳烃，以提高 C_8 芳烃产率。自苯-甲苯塔侧线采出的甲苯和自二甲苯装置来的甲苯、C_9/C_{10} 芳烃混合后进入歧化进料缓冲罐 V501，经歧化进

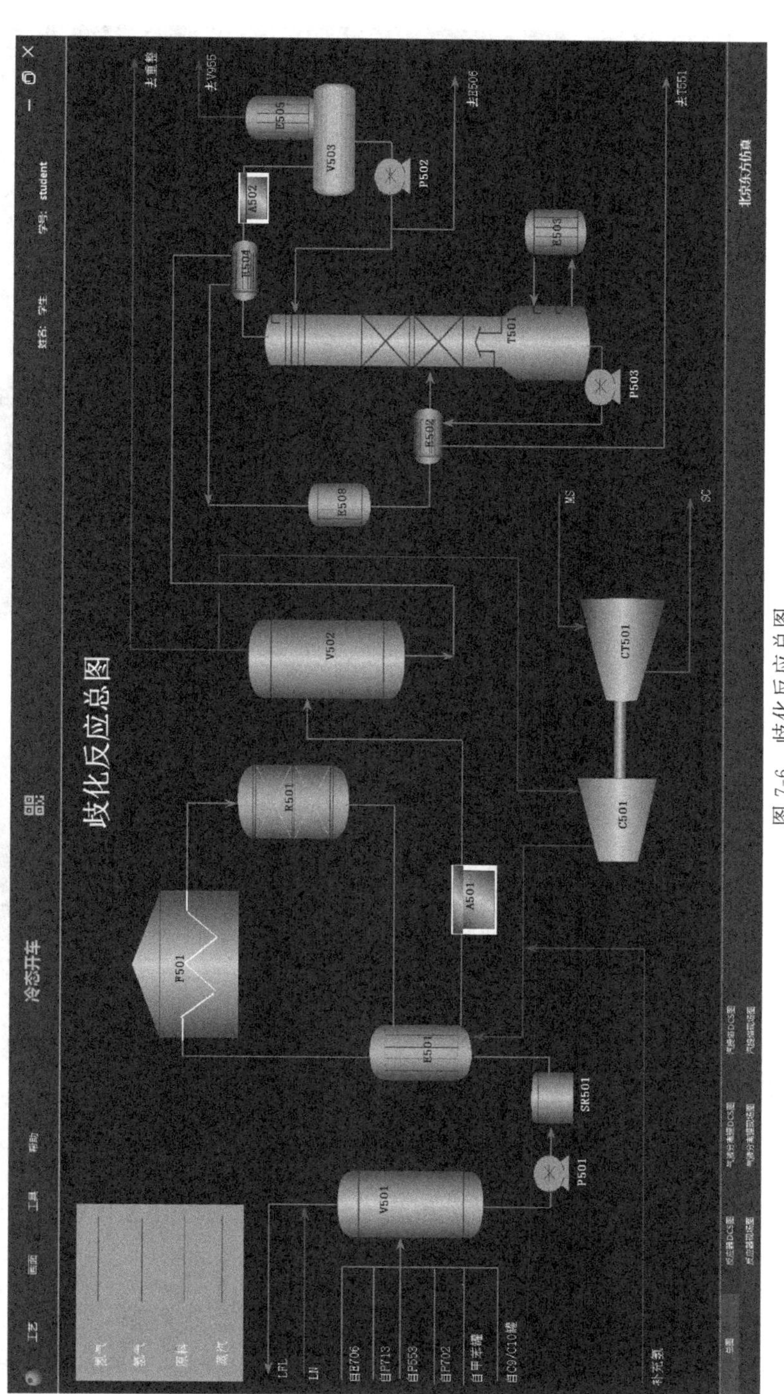
冷态开车
歧化反应总图
V501
P501
SR501
E501
F501
R501
A501
V502
C501
CT501
E508
E502
P503
T501
E503
E504
A502
V503
P502
E505
去重整
去V955
去E506
去T551
MS
SC
LPL
LN
自E706
自P713
自P553
自P702
自甲苯罐
自C9/C10罐
补充氢
北京东方仿真

图 7-6 歧化反应总图

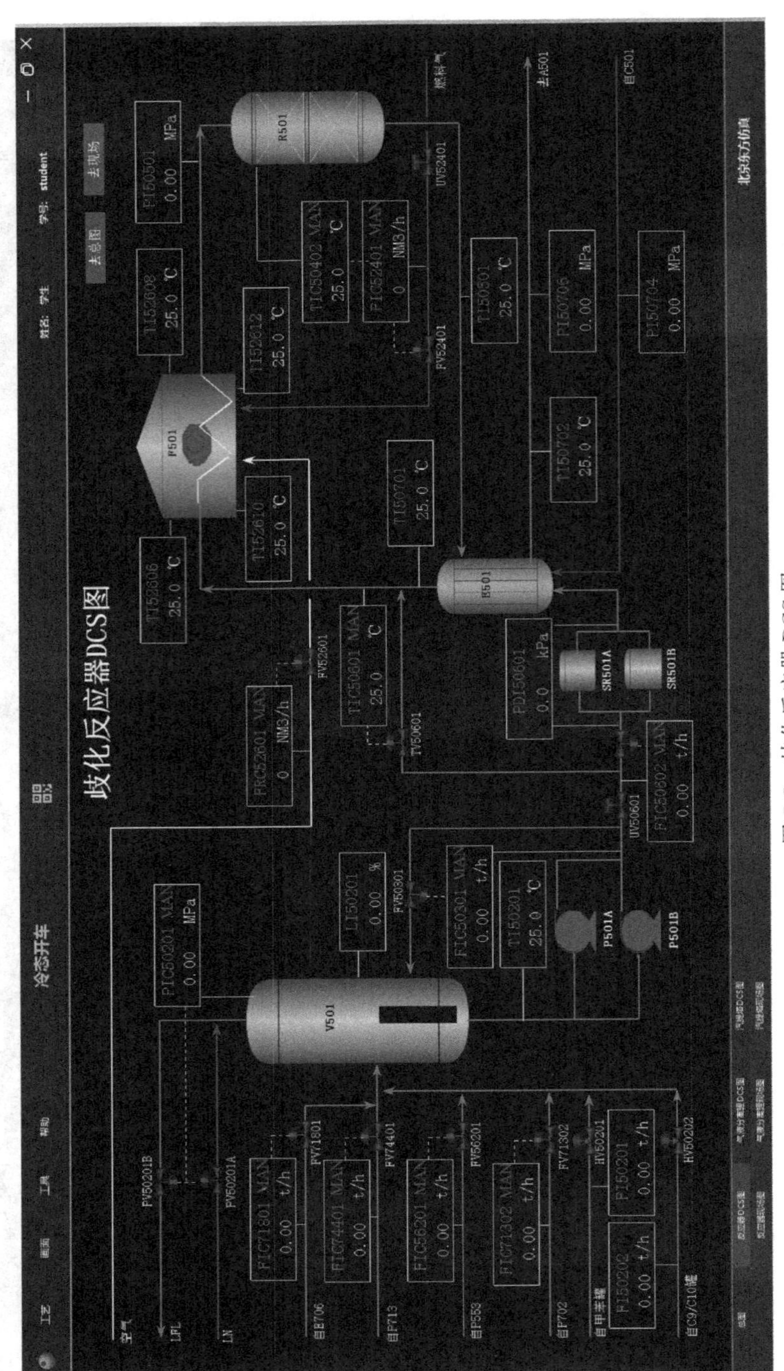

图 7-7 歧化反应器 DCS 图

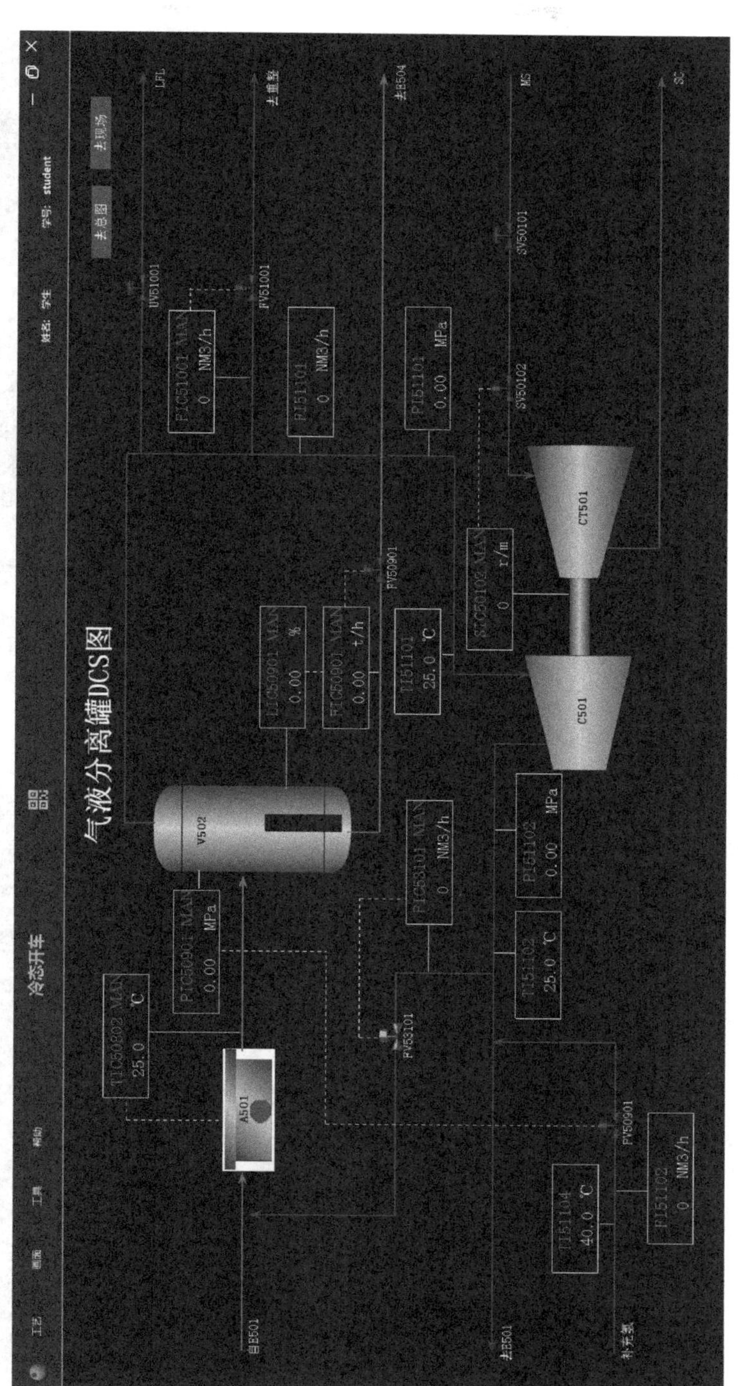

图 7-8 气液分离罐 DCS 图

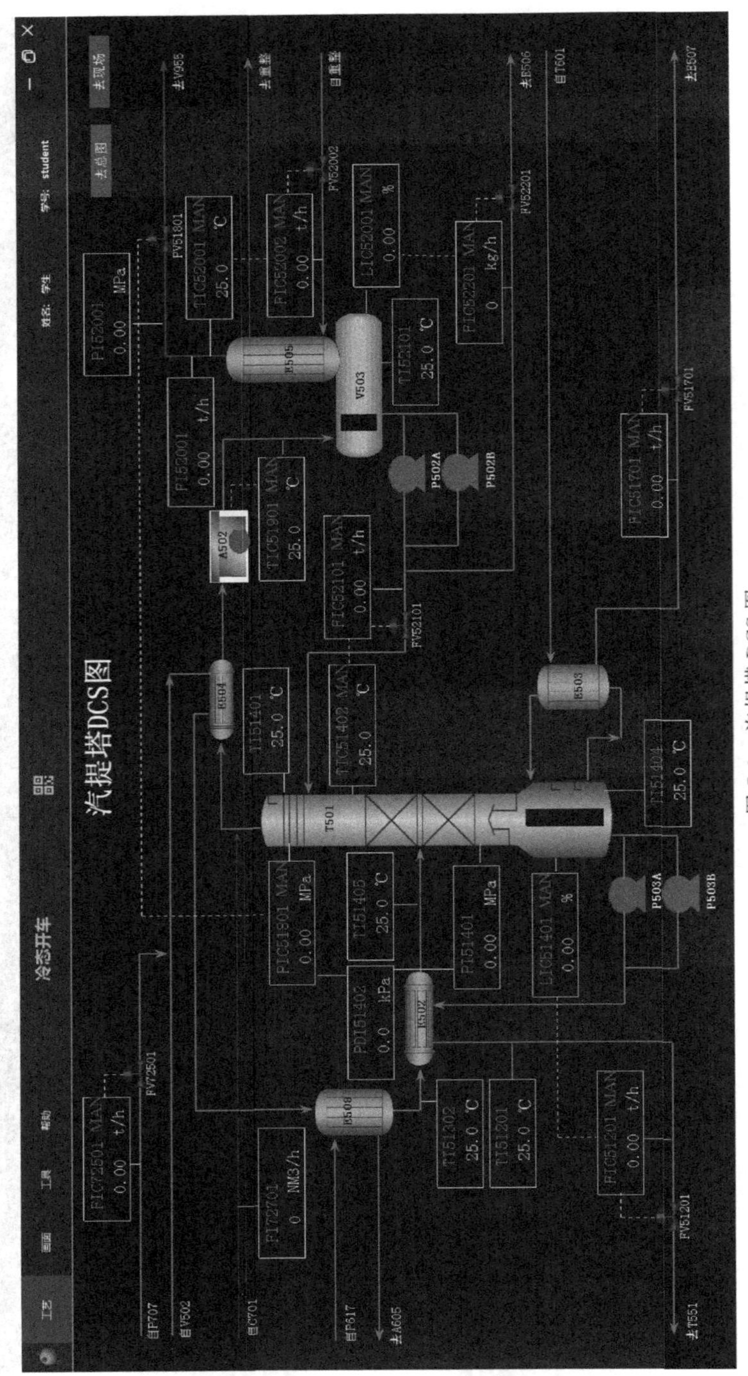
汽提塔DCS图
冷态开车
T501
V503
E505
A502
E504
E503
E508
P502A
P502B
P503A
P503B

图 7-9 汽提塔 DCS 图

料泵 P501 升压后在流量控制器控制下与经歧化循环氢压缩机 C501 增压后的富氢气体混合，再经歧化混合进料换热器 E501 与反应产物换热并经歧化进料加热炉 F501 加热至反应温度，然后送入歧化反应器 R501 进行反应。反应产物与混合进料换热并经歧化反应产物空冷器冷凝冷却后，进入歧化反应产物分离器 V502 进行气液分离，分离器顶部气相为富氢气体，绝大部分与重整预加氢单元来补充氢混合并经歧化循环氢压缩机增压后循环回反应系统，少部分排放的尾氢送至重整装置进行氢气回收；分离器底的液相产品在液控阀控制下通过自压先后进入 E504（汽提塔进料/塔顶产物换热器）、E508（汽提塔进料/对二甲苯换热器）和 E502（汽提塔进料/塔底产物换热器），达到进料温度后进入歧化汽提塔第 17 层塔盘，在汽提塔内，轻组分从塔顶蒸出。

汽提塔顶气经汽提塔顶进料换热器和空冷器冷凝冷却后进入汽提塔回流罐，回流罐顶不凝气经重整制冷系统来的丙烷冷却后送往燃料气管网，回流罐内液体为轻组分，经汽提塔回流泵升压后在回流罐液位和流量串级控制下部分作为回流返回汽提塔，另一部分作为歧化轻烃送往抽提单元。汽提塔底产品（C_6＋馏分）经汽提塔进料塔底换热器与汽提塔进料换热后，在汽提塔塔釜液位和流量串级控制下送至苯-甲苯分馏单元作为苯-甲苯塔进料，其中汽提塔底热源为甲苯装置抽余液塔侧线抽出气。

活动二　设备认知

根据对二甲苯歧化装置 DCS 图，说明歧化装置所用的设备及设备作用，完成表 7-4。

表 7-4　对二甲苯生产歧化装置设备表

序号	设备名称	流入物料	流出物料	设备主要作用
1				
2				
3				
4				
5				
6				
7				
8				
9				
10				

活动三　参数控制

化工操作人员通过温度、压力、流量、液位等工艺参数的控制来实现合格产品的生产，根据仿真操作界面 DCS 图，找出歧化装置的主要控制仪表，完成表 7-5。

表 7-5 对二甲苯歧化装置控制仪表

序号	仪表位号	作用	控制指标	单位
1	FIC50301			
2	FIC50602			
3	FIC50901			
4	FIC51001			
5	FIC51201			
6	FIC51701			
7	FIC52002			
8	FIC52101			
9	FIC52201			
10	FIC53101			
11	FIC56202			
12	FIC71302			
13	FIC71801			
14	FIC72501			
15	FIC74401			
16	TIC50402			
17	TIC50601			
18	TIC50802			
19	TIC51402			
20	TIC51901			
21	TIC52001			
22	PIC50201			
23	PIC50901			
24	PIC51801			
25	LIC50901			
26	LIC51401			
27	LIC52001			
28	SIC5102			

活动四　开、停车操作

M7-7　歧化装置开、停车操作规程

M7-8　歧化工段冷态开车介绍

根据操作规程（扫描二维码，参考详细操作规程）进行歧化装置 DCS 仿真系统的冷态开车、正常停车操作，并在表 7-6“完成否”列做好记录。

表 7-6　歧化装置开、停车仿真操作完成情况记录表

项目	序号	步骤	完成否
冷态开车	1	开车准备	
	2	冷油运	
	3	压缩机氢气运行	
	4	热油运	
	5	氢气循环升温	
	6	反应系统投料	
	7	调至平衡	
正常停车	1	反应系统降温、降负荷	
	2	反应系统停进料	
	3	停 C501，反应系统降压	
	4	汽提塔停车	

活动五　事故处理操作

M7-9　歧化装置事故预案

根据操作规程（扫描二维码，参考详细操作规程）进行歧化装置 DCS 仿真系统的事故处理操作，并完成表 7-7。

表 7-7　歧化装置事故处理方案

事故现象	事故原因	处理方法
流量无法调节	阀卡	开旁路阀，关控制器 FIC50602，调节 V501 液位正常

1. 某企业在对二甲苯生产歧化装置操作过程中，发现反应器压力不正常，请分析可能的原因，并找到解决的方法。

2. 在对二甲苯歧化装置操作中，重点控制的工艺操作参数有哪些？具体控制指标又是多少？

1. 工业上生产对二甲苯的方法主要有哪些？
2. 混合芳烃分离的方法主要有哪些？
3. 甲苯选择性歧化制 PX 技术和传统的甲苯歧化制 PX 有哪些区别？
4. 甲苯歧化和烷基转移生产对二甲苯的工艺中，影响因素有哪些？
5. 对二甲苯生产中主要用到的设备有哪些？

参考文献

[1] 贺小兰. 有机化工生产技术[M]. 北京：化学工业出版社，2014.
[2] 王焕梅. 有机化工生产技术[M]. 北京：高等教育出版社，2010.
[3] 康明艳，王蕾. 石油化工生产过程操作与控制[M]. 北京：化学工业出版社，2014.
[4] 陈群. 化工生产技术[M]. 2版. 北京：化学工业出版社，2014.
[5] 梁凤凯，舒均杰. 有机化工生产技术[M]. 2版. 北京：化学工业出版社，2011.
[6] 刘振河，冯智. 化工生产技术[M]. 北京：化学工业出版社，2016.
[7] 吴雨龙. 化工生产技术[M]. 北京：科学出版社，2012.
[8] 刘小隽. 有机化工生产技术[M]. 北京：化学工业出版社，2012.